基层级计量技术机构考核系列教程

计量标准考核文件编写指南及范例

主　编　程延礼　柏　航　黄运来

副主编　万云儿　温文博　马江峰

参　编　庞　莉　王田宇　王　强　展子静　李佳凯

　　　　徐新文　龚贻昊　王　华　赖　平　冯灵文

　　　　王一哲　陈　壮　张辰寅

武汉大学出版社

图书在版编目(CIP)数据

计量标准考核文件编写指南及范例/程延礼,柏航,黄运来主编;万云儿,温文博,马江峰副主编.—武汉:武汉大学出版社,2024.6
基层级计量技术机构考核系列教程
ISBN 978-7-307-24122-0

Ⅰ.计… Ⅱ.①程… ②柏… ③黄… ④万… ⑤温… ⑥马…
Ⅲ.计量—标准—考核—文件—编写—中国—教材 Ⅳ.TB9

中国国家版本馆 CIP 数据核字(2023)第 220087 号

责任编辑:杨晓露   责任校对:李孟潇   版式设计:马 佳

出版发行:**武汉大学出版社** (430072 武昌 珞珈山)
(电子邮箱:cbs22@whu.edu.cn 网址:www.wdp.com.cn)
印刷:武汉乐生印刷有限公司
开本:787×1092 1/16 印张:14.75 字数:345 千字 插页:1
版次:2024 年 6 月第 1 版 2024 年 6 月第 1 次印刷
ISBN 978-7-307-24122-0 定价:58.00 元

前　言

本书用于指导基层级计量技术机构开展计量标准建标工作。基层级计量技术机构（下文简称基层站），主要承担本单位内部重要通用测试设备的周期计量、修复后计量等工作，是计量保障体系中紧贴一线的部分，承担的计量工作任务繁重，确保了单位内部装备量值的准确可靠。

依据《中华人民共和国计量法》，计量技术机构应建立、保存、使用和维护计量标准，进行计量检定、校准和测试。建立计量标准是指为使计量标准达到一定的计量特性，依据特定技术标准或规范，由计量技术机构对计量标准的技术性能进行试验验证，对计量标准运行的设施、环境条件、管理制度进行筹备，对操作计量标准的人员进行培训，并通过上级计量管理部门组织的计量标准考核。建立计量标准，是基层站开展计量检定、校准工作的基础条件之一。

基层站计量标准考核依据《计量测量标准建立与保持通用要求》进行。本书对《计量测量标准建立与保持通用要求》重点条款进行了解读，详细介绍了计量标准建立的流程与方法，并结合基层站计量标准建立工作实际，给出了常用计量标准"建标报告"和"考核表"的编写范例。

本书实用性强、可操作性好，对基层站计量标准建立工作有较强的指导性，可作为基层站计量技术培训专用教材，供计量系统技术人员参考，也可为高等院校计量与检测专业教学所用。

本书是在编写组全体同仁的共同努力下完成的，其中程延礼完成了第一章、第二章、第三章的撰写；黄运来完成了第四章的撰写；温文博完成了第五章、第六章的撰写；万云儿完成了第七章、第八章的撰写；陈壮完成了第九章的撰写；程延礼、黄运来对全书内容进行了审核。另外李佳凯与龚贻昊制作了本书的插图与表格。感谢大家的辛苦付出！

由于笔者水平有限，书中难免存在与基层站实际不符，甚至错误之处，在此真诚地希望广大读者提出宝贵的意见，便于重印或改版时修订。

目　录

第一篇　基础知识

第一篇包含三个章节：术语与定义、计量标准考核依据文件解读、计量标准考核技术要求例解。

第一章　术语与定义。本章将与计量标准考核相关的术语与定义加以汇编。以扩展学习的方式对重要内容加以补充，以举例的方式对疑难内容加以说明，方便读者查找学习。

第二章　计量标准考核依据文件解读。本章简要介绍《计量测量标准建立与保持通用要求》的内容，针对计量标准建立工作要点逐项进行分析。在管理要求方面，明确了基层站建标时在人力、设备、设施等方面应具备的基本条件。在技术要求方面，解释了考核依据文件中的全部公式，并对技术考核的相关要求进行了说明。

第三章　计量标准考核技术要求例解。本章以低频电子电压表检定装置为例，讲解计量标准考核试验方法，侧重于说明计量标准建标的常见问题，避免发生对考核文件的错误解读。

第一章　术语与定义

第一节　计量与计量保障体系

1. 计量

计量是确保单位统一、量值准确可靠的活动。

2. 计量学

计量学是研究测量、保证测量统一和准确的科学。

3. 计量保障体系

计量保障体系是指为完成计量确认并持续控制测量过程，所必需的一组相互关联或相互作用的要素。

计量保障体系也可称为计量保证体系，主要包括计量技术机构、计量技术人员、计量标准、计量法规、计量保障等要素。在具体实践中体现为对一定范围内的具有计量特性的设备，按照明确的规范或要求，周期性地开展检定、校准或测试，确保相应设备量值准确、性能可靠。

4. 计量技术机构

计量技术机构是指在特定的范围内，经授权成立的执行计量检定、校准或测试任务的机构。

计量技术机构应建立质量管理体系，其环境条件和设施应当符合检定、校准及测试工作的要求。

计量技术机构应当经过上级计量管理部门资质评定合格后，方可在规定的业务范围和有效期内开展计量检定、校准及测试工作。

5. 计量技术人员

计量技术人员是指在计量技术机构中从事计量检定、校准及测试工作的人员。

计量技术人员应当经考核合格并取得上级计量管理部门规定的证书后，方可从事计量检定、校准及测试工作。

6. 计量标准

计量标准是指计量技术机构建立、保持并用于量值传递的参照对象，通常包括测量仪器、实物量具、标准物质或测量系统等。

计量标准应当按照规定经考核合格、取得计量标准证书后，方可在规定的技术能力范围和有效期内进行量值传递。

7. 计量技术规范

　　计量技术规范是指计量保障体系所允许使用的技术规范。通常包括国家计量检定系统表、国家计量检定规程和校准规范、上级计量管理部门指定的技术规范等。

　　8. 计量保障

　　计量保障是指对计量保障体系范围内的通用测量设备与专用检测设备，按照规定周期实施计量检定、校准或测试。

第二节　量和单位

一、量的相关定义与术语

　　1. (可测量的)量

　　(可测量的)量是指可以定性区别和定量确定的现象、物体或物质的属性。

　　量可指广义量或特定量。广义量如长度、时间、质量等；特定量如某棍的长度、某个系统的电阻等。可以按大小、次序排列的彼此相关量称为同种量。同种量可以组合成为同类量，如功、热、能量为同类量，厚度、周长、波长也为同类量。

　　2. (量的)数值

　　(量的)数值是指在量值表示中，用以与单位相乘的数字。如长度 5m 中的 5，电压 30V 中的 30。

　　3. 量值

　　量值是指由一个数乘测量单位所表示的特定量的大小。如长度为 5m 或 500cm。

　　量值有正负或零；量值可以有多种表示方式；存在量纲为 1 的量值。严格地说，只有量值，没有准确程度的结果，不是计量结果。计量结果不仅应明确给出被测量的量值，还应给出相应的不确定度(或误差范围)，必要时还应注明计量结果影响量的范围，否则计量结果将不具备社会实用价值。

　　4. 量制

　　量制按照一般定义，是指各个量之间存在确定关系的一组量。

　　5. 基本量

　　基本量是指在量制中约定认为在函数关系上彼此独立的量。

　　6. 导出量

　　导出量是指量制中由基本量的函数所定义的量。

　　例如长度、时间被约定为基本量，速度则是导出量，速度=长度/时间。

　　7. 量纲

　　量纲是指以量制中基本量的幂的乘积表示该量制中一个量的表达式。例如：长度、时间的量纲分别是 L、T，则速度的量纲是 LT^{-1}。

　　8. 无量纲量

　　无量纲量是指量纲为一的量。例如折射率、驻波比、反射系数等。

二、单位的相关定义与术语

1. (测量)单位

测量单位是指用于表示与其相比较同种量大小的约定定义和采用的特定量。

单位有固定的符号表示和名称，这是一种约定的赋予。

2. 法定计量单位

法定计量单位是指国家法律法规所规定使用的测量单位。

《中华人民共和国计量法》规定，我国使用国家法定计量单位。

3. (测量)单位符号

(测量)单位符号是表示测量单位的约定符号。

4. (测量)单位制

(测量)单位制是按规定对给定的量制所确定的一组基本单位和导出单位。

✐**扩展学习：**

国际单位制基本单位：是 7 个相互独立的基本物理量，如表 1-1 所示。这些量是从科学实验中总结出来的，具有较高的准确度并易于复现。

表 1-1　SI 基本单位

序号	量的名称	量的符号	单位名称	单位符号	量纲
1	长度	$l(L)$	米	m	L
2	质量	m	千克	kg	M
3	时间	t	秒	s	T
4	电流	I	安【培】	A	I
5	热力学温度	T	开【尔文】	K	H
6	物质的量	n	摩【尔】	mol	N
7	发光强度	I	坎【德拉】	cd	J

国际单位制导出单位：通过系数为 1 的定义方程式，由 SI 基本单位导出，并且由它们表示的单位。为了便于单位的描述和科研的需要，有专门的名称用于表示导出单位。如电压单位，用基本单位表示为：$m^2 \cdot kg \cdot s^{-3} \cdot A^{-1}$，用专门的名称表示，即为伏特。

国家法定计量单位：我国的国家法定计量单位由国际单位制基本单位、国际单位制导出单位和国际单位制制外单位组成。国际单位制制外单位是我国选用的一批在日常生活、商品交易中常用的单位，如分、小时、天、升、吨等。

第三节　计量器具及特性

一、计量器具相关定义与术语

1. 计量器具(测量器具/仪器/设备)

计量器具是指单独地或连同辅助设备一起用于进行测量的器具。

计量器具也称为测量器具、测量设备、测量仪器，也可简称为仪器、设备。实物量具也属于计量器具。

2. 计量基准

计量基准就是在特定领域内具有当代最高计量特性，其值不必参考相同量的其他标准而被指定的或普遍承认的测量标准。

经国际协议公认，在国际上作为给定量的其他所有标准定值依据的标准称为国际基准。

经国家正式确认，在国内作为给定量的其他所有标准定值依据的标准称为国家基准。

基准计量器具的主要特征：

(1)符合或接近计量单位定义所依据的基本原理。

(2)具有良好的复现性，并且所定义、实现、保持或复现的计量单位(或其倍数，或分数)具有当代(或本国)的最高精度。

(3)性能稳定，计量特性长期不变。

(4)能将所定义实现保持或复现的计量单位(或其倍数，或分数)通过一定的方法或手段传递下去。

3. 计量标准(测量标准)

计量标准是指为了定义、实现、保存或复现量的单位或一个或多个量值，用作参考的实物量具、测量仪器、参考物质或测量系统。

计量标准可称为测量标准、标准设备，也可简称为标准。

📝扩展学习：

计量技术机构配置的，经上级计量管理部门考核合格的，用于计量检定工作的计量器具，就称为计量标准。在我国，准确度等级最高的计量标准称为计量基准。在某个专业、行业或系统内，准确度等级最高的计量标准称为××最高计量标准。

在计量保障体系中，中心级计量技术机构与基层级计量技术机构均配置计量标准，基层级计量技术机构的工作对象即为计量器具。

根据计量标准量值溯源的要求，基层站计量标准应溯源至国家上级计量标准或中心站计量标准。

二、计量器具特性相关定义与术语

1. 标称范围

标称范围是指计量器具调节到特定位置时获得的，并用于指明位置的，由可经修约的极限示值或近似的极限示值所界定的一组量值。

2. 量程

量程是指标称范围两极限值之差的模。

3. 标称值

标称值是表明计量器具的特性并用于指导其使用的量值。标称值通常为凑整值或近似值。例如，上级计量技术机构对某多功能校准源进行检定，检定结论为合格。检定证书中，在 1V 直流电压输出处，所给的测量数据为 0.99998V。尽管 1V 直流电压输出值为 0.99998V，但在实际使用中取整，认为其输出值为 1.00000V。

4. 测量范围

测量范围是指使计量器具的误差处在规定极限范围内的一组被测量值。

测量范围也称为工作范围。

5. 分辨力

分辨力是指引起相应示值产生可觉察到的变化的被测量值的最小变化。

设备的分辨力是指设备能有效辨别的最小示值差。

6. 准确度

准确度也称计量器具的准确度，是指计量器具给出被测量接近于真值的响应能力。

7. 准确度等级

准确度等级是指在规定工作条件下，符合规定的计量要求，使测量误差或仪器的测量不确定度保持在规定极限内的测量仪器的等别或级别。

8. 真值

真值是与给定的量定义一致的值。

9. 约定真值

约定真值是一个接近真值的值，可用来代替真值，与其预期用途具有相适应的不确定度。

真值不能通过测量获得，但可以不断逼近，满足实际使用该量值时的需要。

约定真值的获取有两种方法：一是实际测量中，通常以足够多次的测量值的平均值作为约定真值；二是以上级计量技术机构出具的"检定证书"或"校准证书"中的测量结果（或修正值）作为约定真值。

10. 绝对误差

绝对误差是指测量结果与被测量的真值之差值，即绝对误差=测量结果–真值。

用公式表示为：

$$\delta = x_i - x_0 \tag{1-1}$$

用约定真值可表示为：

$$\delta = x_i - \bar{x} \tag{1-2}$$

式中，δ 为测量误差；x_i 为测量结果；x_0 为真值；$\bar{x}$ 为约定真值。

11. 相对误差

相对误差是指测量误差与被测量真值之比，即相对误差=（测量结果–真值）/真值。

用公式表示为：

$$\delta' = \frac{x_i - x_0}{x_0} \times 100\%　\qquad (1\text{-}3)$$

用约定真值代替真值可表示为：

$$\delta' = \frac{x_i - \overline{x}}{\overline{x}} \times 100\%　\qquad (1\text{-}4)$$

12. 测量不确定度

测量不确定度表征合理赋予被测量之值的分散性，是与测量结果相联系的参数。

测量不确定度从词义上理解，意味着对测量结果可信性、有效性的怀疑程度或不确定程度，是定量说明测量结果质量的一个参数。实际上由于测量不完善和人们的认识不足，所得的被测量值具有分散性，即每次测得的结果不是同一值，而是以一定的概率分散在某个区域内的许多个值。虽然客观存在的系统误差是一个不变值，但由于我们不能完全认知或掌握，只能认为它是以某种概率分布存在于某个区域内，而这种概率分布本身也具有分散性。测量不确定度就是说明测量值分散性的参数，它不说明测量结果是否接近真值。

13. 最大允许误差

最大允许误差是指由给定的测量、测量仪器或测量系统的规范或规程所允许的，相对于已知参考量值的测量误差的极限值。

14. 重复性

重复性是指在相同的测量条件下，计量器具对重复使用的被测量提供非常相近的示值的能力。

相同的测量条件包括相同测量程序、相同操作者、相同测量系统、相同操作条件和相同地点，在短时间内对同一个或相类似的被测对象重复测量的不一致程度。

重复性可以用示值的分散性表征。

15. 稳定性

稳定性是指计量器具保持其计量特性随时间恒定的能力。

📝扩展学习：

测量不确定度是与测量结果相关联的、表征合理赋予被测量分散性的参数。这个概念主要包含以下三个含义：①该参数是一个分散型参数。这个参数是一个可以定量表示测量结果质量的指标。该参数通常是标准差的整数倍，或是说明了置信水平的区间半宽度。②测量不确定度常由很多分量组成。有些分量可由一系列测量结果的统计分布进行估计，并用试验标准偏差表示。另外一些分量可基于经验或其他信息的概率分布加以估计，也可用标准偏差表述。③该参数是用于完整表征测量结果的。完整表征测量结果，应当包括对被测量的最佳估计值及其分散性参数两个部分。

测量不确定度理论是在经典误差理论基础上提出的。误差反映的是测量结果偏离真值的程度，但是仅仅依靠误差来评定测量结果，是不完善的。而不确定度是给出真值可能落入的某个区间的概率，不确定度小，说明测量结果质量好。测量误差与测量不确定度的区别如表 1-2 所示。

表 1-2　测量误差与测量不确定度的区别

序号	测量误差	测量不确定度
1	有正号或负号的量值，其值为测量结果减去被测量真值	用标准差或标准差的倍数或置信区间半宽表示测量结果的分散性，恒为正值
2	表示测量结果偏离真值的大小	表示测量结果不能肯定的程度
3	客观存在，不以人的认识程度而改变	与人们对被测量及测量过程认识有关
4	由于真值未知，误差不能准确得到，用约定真值代替真值可以得到其估计值；对不同性质的误差须分别处理和合成	根据可获得的信息，或用统计方法或用其他的方法来评定测量不确定度分量的大小；有合成不确定度的方法
5	误差按性质区分为随机误差和系统误差，对它们分别进行统计分析	评定不确定度分量不必按其性质区分
6	当已知系统误差估计值时，可对测量结果进行修正，得到已修正的测量结果	不能用不确定度对测量结果进行修正，但应考虑修正而引起的不确定度
7	待修正而尚未修正的误差，应在测量结果中予以单独说明；其他误差只在测量结果的不确定度来源中予以出现	完整的测量结果必须合理给出测量不确定度的大小

第四节　量值传递与溯源

一、量值传递相关定义与术语

1. 测量

测量是以确定量值为目的的一组操作。

2. 测量结果

测量结果由测量所得的赋予被测量的值。

3. 量值传递

通过检定将国家基准所复现的计量单位值经各级计量标准传递到工作用计量器具，以保证被测对象所测得量值的准确和一致的过程。

4. 溯源

通过一条具有规定不确定度的不间断的比较链，使测量结果或测量标准的量值能够与规定的参考标准(通常是国家计量基准或国际计量基准)联系起来的过程。

📝**扩展学习**：

量值传递与溯源是一个相对性的过程。计量与溯源的关系如图 1-1 所示。量值传递与溯源是两类不同方向的计量行为。

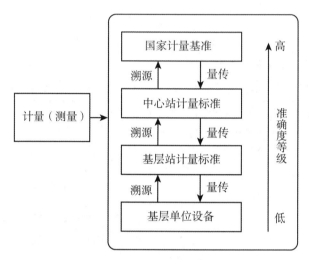

图 1-1　量值传递与溯源

溯源是自下而上的计量行为。准确度等级低的设备要向上级计量技术机构送检，进行溯源。各级计量技术机构的设备需要逐级溯源，形成一条不间断的溯源链，最终溯源至国家基准。

量值传递是从上到下的计量行为。通过对下级单位设备的检定(校准)，将国家标准所复现的单位量值通过各级测量标准传递到工作测量器具。

二、检定与校准相关定义与术语

1. 检定
检定是查明和确认计量器具是否符合法定要求的程序，它包括检查、加标记(或)出具检定证书。

根据检定的必要程度和我国对其依法管理的形式，可将检定分为强制检定和非强制检定。强制检定是指由政府计量行政主管部门所属的法定计量检定机构或授权的计量检定机构，对部分测量仪器实行的一种定期的检定。

2. 校准
校准是指在规定的条件下，为确定计量仪器或测试设备所指示的量值，或实物量具、标准物质所代表的量值，与相对应的由计量标准所复现的量值之间关系的一组操作。

3. 测试
测试是指按照规定的程序，为了确定给定的产品、材料、设备、生物体、物理现象、工艺过程或服务的一种或多种特性或性能的技术操作。

📝**扩展学习：**

　　基层级计量技术机构开展计量保障工作的主要内容为检定与校准，特殊情况下可能开展测试工作。

　　检定是由法定计量技术机构确定并证实测量器具是否完全满足规定要求而做的全部工作，主要包括以下内容：

　　(1)检定应对检定结果进行测量数据合格与否的判别，当测量值误差小于相关检定规程、规范和标准中规定的最大允许误差时为合格；

　　(2)检定应给出合格或不合格的结论，并给出下次检定日期；

　　(3)检定应出具检定证书或检定结果通知书。

　　校准是在规定条件下，为确定测量仪器、测量系统所指示的量值或实物量具、标准物质所代表的量值与对应的测量标准所复现的量值之间关系的一组操作。校准具有以下特点：

　　校准结果可以直接给示值赋值，也可以给出示值的修正值；

　　校准可以用来确定其他计量特性，如影响量的作用；

　　校准可以用校准因子、修正曲线表征校准结果；

　　校准也称为定度或标定；

　　校准完成后，应出具"校准证书"，"校准证书"应给出测量结果的测量不确定度；

　　当客户有需要时，可给出校准结果与下次校准时间的建议。

　　检定与校准的区别如表1-3所示。

表1-3　检定与校准的区别

区别	检定	校准
目的	检定的目的是对测量装置进行强制性全面评定。检定应评定计量器具是否符合检定规程规定的误差范围。通过检定，评定测量装置的误差范围是否在规定误差范围之内	校准的目的是对照计量标准，评定测量装置的示值误差，确保量值准确。校准除了可评定测量装置的示值误差、计量特性外，校准结果也可以表示为修正值或校准因子
对象	检定的对象是我国计量法明确规定的强制检定的测量装置	校准的对象是属于强制性检定之外的测量装置(在《中华人民共和国计量法》中有明确规定)
性质	检定是强制性的执法行为，属于法制计量管理的范畴。其中的检定规程、协定周期等全部按法定要求进行	校准不具有强制性，属于组织自愿的溯源行为。可根据需要，评定计量器具的示值误差。组织可以根据需要规定校准规范或校准方法。自行规定校准周期、校准标识和记录等

续表

区别	检定	校准
依据	检定主要依据《中华人民共和国计量检定规程》，这是计量设备检定必须遵守的法定技术文件。其中，通常对计量检测设备的检定周期、计量特性、检定项目、检定条件、检定方法及检定结果等作出规定。规程属于计量法规性文件，必须由经批准的授权计量部门制定	校准的主要依据是组织根据实际需要自行制定的"校准规范"，或参照"检定规程"的要求。在"校准规范"中，各单位自行规定校准程序、方法、校准周期、校准记录及标识等方面的要求。"校准规范"属于各单位实施校准的指导性文件
方式	检定必须到有资格的计量部门或法定授权的单位进行。根据我国现状，多数生产和服务组织都不具备检定资格，只有少数大型组织或专业计量检定部门才具备这种资格	校准的方式可以采用组织自校、外校，或自校加外校相结合的方式进行。组织在具备条件的情况下，可以采用自校方式对计量器具进行校准，从而节省较大费用。组织进行自行校准应注意必要的条件，而不是对计量器具的管理放松要求
结论	检定给出测量装置合格与不合格的判定。在规定的量值误差范围之内的为合格，并给出下次检定时间，出具"检定证书"或"检定结果通知书"	校准的结论只是评定测量装置的量值误差，不要求给出合格与否的判定。校准的结果可以给出"校准证书"或"校准报告"
法律效力	检定结论具有法律效力，可作为计量器具或测量装置检定的法定依据。"检定证书"属于具有法律效力的技术文件	校准结论不具备法律效力，给出的"校准证书"只是标明量值误差，属于一种技术文件

第二章　计量标准考核依据文件解读

第一节　《计量测量标准建立与保持通用要求》的内容介绍

《计量测量标准建立与保持通用要求》于 2009 年 12 月 22 日发布，2010 年 4 月 1 日起实施。全文包括前言、正文 7 个章节、8 个附录及参考文献，本节主要介绍各部分的内容。2021 年 1 月 1 日，"测量标准"统一变更为"计量标准"，这两种说法没有区别。在本章中，引用《计量测量标准建立与保持通用要求》时，继续使用"测量标准"一词，相关解读使用"计量标准"一词。

一、前言

前言主要介绍了本标准的替代情况、新标准与老标准的变化情况、附录简介、换版任务来源、起草单位、起草人等信息。

2009 年版的《计量测量标准建立与保持通用要求》是 1996 年版《建立测量标准技术报告的编写要求》的替代标准。主要变化包括：一是标准名称变更，二是标准对计量测量标准的建立与保持提出了通用要求，而将原标准规定的测量标准技术报告的编写要求作为其中一个环节加以规定。

本标准附录 A、附录 B、附录 D、附录 E、附录 F、附录 G、附录 H 是规范性附录，附录 C 是资料性附录。

二、正文

《计量测量标准建立与保持通用要求》正文共 7 章，分别为范围、引用文件、术语与定义、总要求、测量标准的建立、测量标准的保持、测量标准的变更。

本书的主题是计量标准考核，在《计量测量标准建立与保持通用要求》中对应的章节为"测量标准建立"，该章节的重点内容将在本章第二节详细介绍，本节对其余内容进行简要介绍。

(一) 范围

本节规定了《计量测量标准建立与保持通用要求》的适用范围，基层站计量标准考核依据本文件执行。

（二）引用文件

本节明确了《计量测量标准建立与保持通用要求》在编写过程中引用的其他标准，主要包括《检定规程和校准规程编写通用要求》《计量通用术语》《测量不确定度的表示与评定》。

（三）术语与定义

本节明确了《计量通用术语》中确定的术语与定义适用于《计量测量标准建立与保持通用要求》。在本书的第一章中对计量标准考核相关的术语与定义进行了详细的介绍。

《计量测量标准建立与保持通用要求》中新增以下 3 条术语与定义。

1. 测量标准的建立

测量标准的建立是指为使测量标准达到一定的计量特性、满足预期使用要求并获得承认而进行的一系列活动。

2. 测量标准的保持

测量标准的保持是指为使测量标准的计量特性保持在规定极限内所必须进行的一组操作。

测量标准的保持通常包括测量标准的保存，对其预先规定的计量特性的周期检定或校准，必要时的核查，在合适条件下的存放、运输，精心维护和使用。

3. 量值溯源与传递等级关系图

量值溯源与传递等级关系图是指计量技术机构编制的本级测量标准向上级测量标准进行量值溯源和向下级测量标准、检测设备或装备进行量值传递的关系图。

（四）总要求

本节主要明确了计量技术机构应建立和保持的计量标准的类型、作用和管理要求。

1. 计量标准的类型

计量标准的类型包括参考测量标准、工作测量标准及专用校准系统。

2. 计量标准的作用

计量标准的作用是定期对装备和检测设备进行检定、校准或测试，保证其量值的准确统一。

3. 计量标准的管理要求

计量标准的管理要求包括以下内容：

（1）计量标准的性能应满足装备和检测设备的技术保障要求；

（2）计量标准的量值应按规定溯源到国家基准；

（3）计量标准应按规定经考核合格后，在考核和溯源的有效期限内，开展相应范围的量值传递。

（4）计量标准进行量值传递时，应执行现行有效的检定规程或校准规程。

（5）计量标准进行量值传递时，应有符合要求的设施和环境条件。执行现场、机动及应急计量保障任务的计量标准时，应有措施保证计量标准的有效性。

(6)计量标准应由持有计量检定员证的人员使用和维护。

(7)计量标准的使用、维护、存放和运输，应符合计量标准的性能、编配用途和技术规范的要求，并有相应的管理制度。

(8)计量标准的变更应经相应的计量管理机构审批。

（五）测量标准的建立

本节内容为本书的主题，将在本章第二节进行详细解读。

（六）测量标准的保持

本节规定了测量标准使用、维护、溯源、核查、复查的相关要求。

1. 使用与维护

(1)测量标准一般只用于对装备、检测设备或下级测量标准的检定、校准。未经批准，不得用于其他目的。

(2)测量标准应由有资格的人员在满足环境条件要求的场所，按照操作规程使用。原始记录和出具的检定证书或校准证书应格式规范、信息真实全面、数据处理正确、结论准确。

(3)当对测量标准性能产生怀疑时，应立即停止使用并核查验证。

(4)测量标准的修理、调整应由有资格的机构承担。修理、调整后，再重新检定或校准，满足要求方可投入使用。

(5)测量标准应按照管理制度和规定的程序进行维护，同时应考虑生产厂商推荐的方法、频度和环境条件。

(6)当需要携带测量标准到现场进行检定、校准时，应采取相应的安全措施，并在每次外出前和返回后核查其技术状态。

(7)测量标准在机动或临时场所使用时，应采取有效措施保证环境条件满足要求。当测量标准需要到现场进行计量保障且无法满足规定的环境条件时，应进行实验验证，必要时给出偏离规定环境条件下的修正值或修正曲线。

(8)测量标准在紧急情况下使用时，应根据快速、遂行等特殊保障要求，按应急计量保障预案进行使用、维护、存放、运输，确保测量标准的性能能够满足使用要求。

2. 溯源

(1)测量标准应依据量值溯源与传递等级关系图向上进行溯源，并粘贴相应的计量状态标识。将测量标准主标准器及配套设备的检定证书、校准证书作为测量标准的溯源性证明文件。测量标准可以溯源到国家基准时，比对报告和测试报告不能代替检定证书或校准证书。

(2)如果上级测量标准发生变化或改变溯源机构时，应重新编制量值溯源与传递等级图，经审批后使用。

(3)测量标准主标准器及配套设备的检定、校准周期应符合相应的检定规程或校准规程的要求。特殊情况下，可综合考虑其性能状态、使用频度和环境条件等因素，经计量管理机构批准后进行调整。拟延长周期时，应有核查数据证明其在拟采用的周期内技术状态受控、稳定性满足要求。

（4）测量标准无溯源途径时，应定期进行比对。比对周期应综合考虑其性能状态、使用频度和环境条件等因素来确定。将比对报告作为证明其量值可信的文件。

3. 核查

（1）计量技术机构应采用适当的方法对测量标准进行核查，以保证测量结果的可信度。测量标准包含多个参数时，应分别对每个参数进行核查。

（2）应编制测量标准核查方案，经审批后执行。核查方法一般包括用核查标准进行统计控制、用有证标准物质或有校准值的核查标准进行核查、对保留的被测件再测试、用相同或不同的方法进行重复测试、比较被测件不同特性测量结果的相关性、参加实验室间的比对。

（3）计量技术机构对准确度较高且重要的参考测量标准的核查一般应采用核查标准进行统计控制。核查标准应与被核查的测量标准相适应，应具有良好的稳定性，必要时还应具有足够的分辨力和良好的重复性，其参数和测量范围应满足测量标准的核查要求。采用该方法所做的核查可以作为测量标准的稳定性考核。

（4）应选择恰当的核查时机和频度。在测量标准建立初期、使用频度较高或发现性能有下降趋势时，应适当提高核查频度。在核查数据始终受控的情况下，可适当降低频度，但每年至少核查一次。常见的核查时机包括核查计划规定的时间、开展批次性或重要的计量保障工作前、开展现场计量保障工作前和返回后、测量标准发生过载或怀疑有问题时、测量标准负责人发生变动后、测量标准存放地点变动后、测量标准溯源后及两次溯源中期等。

（5）应记录核查数据，记录方式应易于看出其变化趋势，必要时画出控制图。

（6）如果发现核查数据有可能超差的趋势，应及时进行原因分析，采取预防措施。如果发现核查数据个别点超出控制极限，应增加核查次数或使用其他核查方法，验证测量标准是否出现异常。在确认核查数据超出控制极限时，应停止检定或校准工作，查找原因、采取纠正措施、追溯前期工作并建立新的测量过程控制等。

4. 计量标准复查

计量标准通过考核后会发放"计量标准证书"，证书会明确该项计量标准的有效期，通常为从考核日期起的 5 年。

计量标准复查是指计量标准有效期满后仍需要继续开展量值传递的，应在有效期满前6 个月向上级计量管理部门提交计量标准复查申请材料。计量标准复查与新建计量标准考核的形式和程序相同，内容增加了对计量标准保持期间使用、维护、溯源及核查等情况的审查。经复查合格的，计量标准证书的有效期可延长 5 年。

（七）计量标准的变更

本节规定了计量标准变更的相关要求。计量标准变更主要有 3 种情况，分别是计量标准更换、计量标准的封存与启封、计量标准的撤销。

1. 计量标准更换

计量标准更换主要有两种情况，一是主标准器故障，需要更换，不改变原计量标准的技术参数；二是主标准器更新或升级换代，须改变原计量标准的技术参数。

第一种情况，填写"测量标准更换申报表"，同时提供增加或更换设备的有效期内的溯源性证明文件复印件一份，以及计量标准的重复性测试和稳定性考核记录复印件一份（必要时），报相应的计量管理机构审批、备案，并将有关情况记录在计量标准履历书中。

第二种情况按新建标准处理。

2. 计量标准的封存与启封

本小节规定了计量标准封存、启封的时机和管理要求。

基层站建立的计量标准针对性强，相应的被检设备数量大、使用频次高。因此，基层站计量标准基本上不存在需要封存与启封的情况。

3. 计量标准的撤销

本小节规定了计量标准撤销的管理要求。

计量标准撤销通常有两种情况，一是计量标准主标准器故障无法修复；二是量值传递需求已消失。计量标准撤销需填写"测量标准撤销申报表"，报相应计量管理机构审批后，由原发证机构收回"计量测量标准证书"。

三、附录

《计量测量标准建立与保持通用要求》有两种类别的附录，一种是规范性附录，共7种；一种是资料性附录，1种。

1. 规范性附录

规范性附录为标准表格模板，即上报各种申请材料的格式。规范性附录中的表格不允许进行任何文字与表格属性的修改。

规范性附录共有以下7种：

附录A　计量测量标准技术报告格式

附录B　计量测量标准考核表格式

附录D　测量标准考核记录格式

附录E　测量标准证书内页格式

附录F　测量标准更换申报表格式

附录G　测量标准封存/启封申报表格式

附录H　测量标准撤销申报表格式

2. 资料性附录

资料性附录只有1种，即附录C"量值溯源与传递等级关系图格式"。

"量值溯源与传递等级关系图"体现了2项内容：一是本级计量标准与上级计量技术机构的溯源关系；二是本级计量标准与被检设备的量传关系。不同种类的计量标准的溯源关系与量传关系必然不相同；不同地域、相同种类的计量标准溯源关系很可能不同；相同种类、不同系统的计量标准量传关系很可能不同。因此，附录C只能给出编制"量值溯源与传递等级关系图"的思路和方法。

四、参考标准与规范

(1)《测试实验室和校准实验室通用要求》。

（2）JJF 1033《计量标准考核规范》。

（3）《计量条例》。

（4）*Measurement standards. Choice，recognition，use，conservation and documentation*。

上述 4 项标准与规范主要用于扩展学习。

第二节 计量标准建立工作要点

一直以来，对计量标准的建立总有一种错误的认识，即计量标准建立就是"采购一套准确度等级高的测量设备"，这种说法是完全错误的。计量标准建立是实验室建立的一套机制，从人、机、法、环、测等环节对标准设备进行评价、使用、管理的过程。计量标准建立是一项系统性非常强的工作，本节从管理角度和技术角度进行分析。

一、管理要求

计量标准建立的管理要求主要包括溯源性要求、计量技术法规、设施与环境条件、人员等方面。

（一）溯源性要求

计量标准应通过不间断的溯源链，溯源至国家基准，以实现其对国际单位制测量单位的计量溯源性。有计量特性要求的主标准器及配套设备，应按照准确度等级或测试不确定度比的要求，选择有资格的计量技术机构进行溯源，并在相应有效期内使用。

基层站通常将计量标准就近溯源至国防二级站或经过 CNSA 认可的地方计量技术机构，必要时可直接溯源至国防一级站或中国计量院。

计量标准应编制量值溯源与传递等级关系图，经上级计量管理部门审批后使用。量值溯源与传递等级关系图应说明计量标准的量值向上溯源和向下传递的链接情况，应包含下列要素：上级计量标准、本级计量标准及检测设备或装备之间的量值传递方法；各层级栏目的名称、参数、测量范围及不确定度、准确度等级或最大允许误差等信息；各层级之间的测试不确定度比；计量标准包含多个参数时，应包括所有参数的量值等级关系。

（二）计量技术法规

计量技术法规主要包括国家军用标准、国家发布的计量检定规程或校准规程等。计量标准开展量值传递时，应有与所开展的检定、校准项目相适应的方法，并确保使用其最新版本。计量技术法规选用优先顺序为：

（1）国家军用标准；

（2）国家计量检定规程或校准规范；

（3）依据《检定规程和校准规程编写通用要求》制定的部门检定规程或校准规程；

（4）上级计量管理机构组织制定或确认的其他计量技术文件。

基层站通常使用国家计量检定规程或校准规范，必要时使用上级计量管理机构下发的技术文件。

(三)设施与环境条件

1. 设施

设施是指计量技术机构为满足计量标准使用技术要求所配置的场所,以及环境条件监控、电源、接地、照明、屏蔽、空调等设施。开展计量工作的场所及设施可以是固定的、机动的或临时的,但无论是哪一种情况,均需要保证满足计量标准使用技术要求。

基层站工作场所通常是固定的实验室场所,必要时在上级计量管理部门指定的临时场所开展工作。

基层站至少应配置如下设施:工作台、稳压电源、接地、照明、空调、温湿度计。

2. 环境条件

环境条件一般包括供电、温度、湿度、电磁干扰、振动、噪声、静电、洁净度及光照度等。计量技术机构的环境条件应满足使用和保持计量标准的计量技术文件要求,还应满足保持计量标准计量特性的要求。应对检定、校准场所内相互影响的相邻区域进行有效隔离,防止相互影响。

环境条件的一般性要求为:

(1)电源电压:(220±10)V;

(2)电源频率:(50±1)Hz;

(3)温度:(20±5)℃;

(4)相对湿度:≤80%;

(5)无影响工作的振动、电磁干扰、噪声等因素。

基层站环境条件控制应注意如下要点:

(1)用空调进行温度控制时,存在温度梯度,离空调越近的区域,控制效果越好。应使用温湿度计确保计量标准所在区域温度条件能满足要求。

(2)温湿度计用于检验温湿度条件是否满足工作要求。为确保温湿度计正常工作,温湿度计应定期送检,并在有效期内进行工作。温湿度计不能放置在计量标准上、不能放置在空调出风路径上,防止温湿度测量值受到外界因素影响。

(3)部分计量标准要求相对湿度≥40%,若湿度过低,可通过自然蒸发的方法提高湿度,但严禁使用加湿器,因为加湿器会引起局部湿度过大,甚至引起计量标准内部电路发生短路。

(4)工作间应配置专门的地线,技术指标要求:接地电阻≤4Ω。

(5)建议配置20kVA的净化电源,确保电源控制在(220±2)V、(50±1)Hz。

(四)人员

每项计量标准应配备足够的满足检定、校准任务要求的人员。从事检定、校准工作的人员必须经过培训考核合格、取得相应参数的计量检定员证。每项参数至少应2人持证。

计量标准应指定负责人,负责人应熟悉计量标准的组成、工作原理和主要性能,掌握相应的检定、校准方法,具有对计量标准不确定度和测量结果测量不确定度进行分析评定的能力,熟悉使用、维护、溯源和核查等程序,并对计量标准技术档案中数据的完整性和真实性负责。

基层站至少要保证 3 名人员方能开展计量保障工作，其中，检定/校准员 1 名、核验员 1 名、批准人员 1 名。检定/校准员、核验员应持有所开展参数的计量检定员证；批准人员一般为基层站负责人或负责人指定的代理人，也应持有计量检定员证。

二、技术要求

计量标准建立的技术要求主要包括计量标准重复性测试、计量标准稳定性考核、计量标准测量不确定度评定、计量标准性能验证、测量结果不确定度评定等方面。

(一)计量标准重复性测试

1. 重复性测试的定义

计量标准的重复性，通常用该计量标准在重复性测量条件下，对某一重复性好的测量仪器进行重复测量，用所得测量值的实验标准偏差 $s(x)$ 来定量表征。重复性条件是指在相同的测量程序、测量人员、测量环境、测量仪器等条件下，在短期内完成的多个单次测量。

2. 重复性测试使用的设备

应尽可能选择一个准确度相当、分辨力足够和重复性良好的测量仪器，对测量标准的重复性进行测试。选择的测量仪器，应能反映出测量标准的特性。

具体操作时，通常要求重复性测试使用设备准确度等级不低于进行重复性测试的计量标准。若基层站不具备重复性测试条件，可在溯源时委托上级计量技术机构进行。

3. 重复性计算公式

重复性测试时，应在重复性测量条件下，用计量标准重复测量被选择的测量仪器 n 次，得到 n 个测量值，测量次数 $n \geq 6$，按公式(2-1)计算实验标准偏差。

$$s(x) = \sqrt{\frac{\sum_{i=1}^{n}(x_i - \bar{x})^2}{n-1}} \tag{2-1}$$

式中，x_i 为第 i 个测量值；$\bar{x}$ 为 n 个测量值的算术平均值；n 为重复测量次数。

4. 重复性测试其他要求

(1)测量标准包含多个参数时，应分别对每个参数的重复性进行测试。

(2)测量标准有较宽的测量范围时，一般应对测量范围内的典型量值点(至少包括高、中、低三点)的重复性进行测试，同时应包括测量标准的不确定度评定的量值点。

(3)应保留重复性测试时的原始记录，原始记录应记录重复性测试时的人员、设备、环境条件、测量数据等信息。由上级计量技术机构进行的重复性测试，应存档测试报告。

(二)计量标准稳定性考核

1. 稳定性的定义

计量标准的稳定性，通常用该计量标准在规定的一段时间内，对某一稳定性好的测量仪器进行测量，用所得测量结果的实验标准偏差 s_m 来定量表征。

2. 稳定性考核使用的设备

稳定性考核使用的设备应尽可能选择一个稳定的、分辨力足够的测量仪器，对计量标准的稳定性进行考核。选择的设备应能反映出计量标准的特性。本级计量技术机构无考核条件时，可委托上级计量技术机构考核。建议稳定性考核与重复性测试使用同一台设备。

3. 稳定性考核方法

稳定性考核方法为每隔一段时间(至少一个月)，用计量标准对所选择的设备进行一组重复性测试，测量次数为 n，取其算术平均值作为该组的测量结果。共测量 m 组，至少考核 4 个月，$n \geqslant 6$，$m \geqslant 4$。实验标准偏差 s_m 按下列方法计算：

(1) 当 $m < 6$ 时，按极差法计算，如式(2-2) 所示：

$$s_m = \frac{x_{\max} - x_{\min}}{d_m} \tag{2-2}$$

式中，$x_{\max}$ 为 m 组测量结果平均值的最大值；$x_{\min}$ 为 m 组测量结果平均值的最小值；d_m 为与测量次数有关的常数($d_4 = 2.06$、$d_5 = 2.33$)。

(2) 当 $m \geqslant 6$ 时，按贝塞尔公式法计算，如式(2-3) 所示：

$$s_m = \sqrt{\frac{\sum\limits_{j=1}^{m}(\bar{x}_j - \bar{x}_m)^2}{m - 1}} \tag{2-3}$$

式中，$\bar{x}_j$ 为第 j 组测量值的算术平均值；$\bar{x}_m$ 为第 m 组测量结果的算术平均值；m 为测量组数。

4. 稳定性考核通过判据

当计量标准性能用最大允许误差表述时，计量标准的稳定性应小于计量标准最大允许误差的绝对值；用扩展不确定度表述时，计量标准的稳定性应小于计量标准的扩展不确定度。

5. 稳定性考核的其他要求

(1)计量标准包含多个参数时，应分别对每个参数的稳定性进行考核。

(2)计量标准有较宽的测量范围时，一般应对测量范围内的典型量值点(至少包括高、中、低三点)的稳定性进行考核，同时应包括计量标准的不确定度评定测量点。

(3)新建计量标准仅由实物量具组成，而被测对象为非实物量具的测量仪器，实物量具的稳定性远优于被测对象时，或计量标准仅是一次性使用的标准物质时，可不进行稳定性考核。

说明：计量标准稳定性考核测量点通常与重复性测试一致。

(三)计量标准不确定度评定

计量标准的测量不确定评定依据《测量不确定度的表示及评定》进行，本小节简要介绍相关内容。

1. 测量不确定度的一般过程

测量不确定度的一般过程包括：

(1)根据被测量定义、测量原理和测量方法，建立被测量的数学模型。

(2)分析并列出与计量标准有关的不确定度来源。

(3)定量评定各标准不确定度分量，包括 A 类评定和 B 类评定：A 类评定测量不确定度是通过统计方法获得的，通常由多次测量得出，如计量标准自身的重复性。B 类评定测量不确定度是通过非统计方法获得的，如权威机构发布的量值、校准证书、说明书给出的误差极限、根据经验推断的误差极限等。

(4)计算合成标准不确定度：计算公式见式(2-4)：

$$u_c = \sqrt{\sum_{i=1}^{n} u_{\mathrm{A}i}^2 + \sum_{j=1}^{m} u_{\mathrm{B}j}^2} \tag{2-4}$$

式(2-4)中，u_c 为标准不确定度；$u_{\mathrm{A}i}$ 为第 i 项 A 类评定标准不确定度分量；$u_{\mathrm{B}j}$ 为第 j 项 B 类评定标准不确定度分量；n 为共有 n 个 A 类评定标准不确定度分量；m 为共有 m 个 B 类评定标准不确定度分量。

(5)确定扩展不确定度：计算公式见式(2-5)。

$$U = k u_c \tag{2-5}$$

式中，U 为扩展不确定度；u_c 为标准不确定度；k 为包含因子，通常 k 值取 2 或 3。必要时，可以根据概率分布确定相应置信水平的包含因子，并说明其来源。

2. 测量不确定度评定工作要点

(1)充分考虑各项因素的影响，不遗漏和不重复。当计量标准由多台测量仪器及配套设备组成时，应对各部分引入的标准不确定度分量进行评定。即使某项因素影响量极小，也不要随意舍去，应在计算时按要求舍入，或对该因素进行说明。

(2)在计量标准不确定度评定中，一般不包括被测对象引入的不确定度分量。除非测量过程中与计量标准和被测对象同时有关的不确定度分量，无法单独分开评定的，可在评定过程中给予说明，并使用接近理想状态或较好的被测对象进行该分量的评定。

(3)计量标准包含多个参数时，应分别对每个参数进行不确定度评定。

(4)当计量标准在测量范围内的不确定度不同时，应根据具体情况，选用下列方式之一评定不确定度：

①在测量范围内分段进行评定，给出各段内的最大不确定度；

②评定并给出整个测量范围内的最小不确定度和最大不确定度，同时注明典型量值点的不确定度；

③评定并给出与测量范围有关的公式来表示其不确定度；

④如果计量标准仅用于对有限的测量点进行检定、校准，则可以在这些量值点上评定并给出其不确定度。

(四)计量标准性能验证

计量标准性能验证有三种方法：传递比较法、多台比对法、两台比对法。本节主要介绍适合基层站使用的传递比较法和两台比对法。

1. 传递比较法

传递比较法是指用高一级计量标准和被验证计量标准测量同一个分辨力足够且稳定的被测对象，在包含因子相同的前提下，应满足式(2-6)。

$$|y - y_0| \leqslant \sqrt{U^2 + U_0^2} \tag{2-6}$$

式中，y 为被验证计量标准给出的测量结果；y_0 为高一级计量标准给出的测量结果；U 为被验证计量标准的扩展不确定度；U_0 为高一级计量标准的扩展不确定度。

传递比较法需要计量技术机构将一台被检设备送到上级计量技术机构，比较上级标准和本级标准的检定结果。不需要对所有测量点进行验证，用于验证的测量点通常与重复性测试保持一致。

2. 两台比对法

两台比对法是指用两台不确定度相当的计量标准对同一个分辨力足够且稳定的被测对象进行测量，在包含因子相同的前提下，应满足式(2-7)。

$$|y_1 - y_2| \leqslant \sqrt{U_1^2 + U_2^2} \tag{2-7}$$

式中，y_1、y_2 为两台计量标准给出的测量结果；U_1、U_2 为两台计量标准的扩展不确定度。

两台比对法需要计量技术机构将一台被检设备送到同级计量技术机构，比较两次检定结果。不需要对所有测量点进行验证，用于验证的测量点通常与重复性测试保持一致。

(五) 测量结果不确定度评定

1. 测量结果不确定度的计算

测量结果不确定度是指计量标准开展检定、校准时所得测量结果的测量不确定度。测量结果不确定度评定的方法步骤与测量标准不确定度一致。

计量标准的不确定度与测量结果的不确定度是完全不同的概念，决不能混淆。通常计量标准的不确定度是测量结果不确定度的一个分量。通常测量结果的标准不确定度可以用式(2-8)表示。

$$u_c = \sqrt{u_{A1}^2 + \sum_{i=2}^{n} u_{Ai}^2 + u_{B1}^2 + \sum_{j=2}^{m} u_{Bj}^2} \tag{2-8}$$

式中，u_c 为测量结果的标准不确定度；u_{A1} 为进行检定工作时所测设备的重复性；u_{Ai} 为其他 i 项的 A 类不确定度；u_{B1} 为计量标准引入的不确定度；u_{Bj} 为其他 j 项的 B 类不确定度；n 为共有 n 个其他 A 类不确定度；m 为共有 m 个其他 B 类不确定度。

2. 测量结果不确定度的特点

测量结果的测量不确定度，不仅与计量标准、测量原理和测量方法等有关，还与实际被检设备有关。由式(2-8)可知，计量标准的不确定度是测量结果不确定度的一个分量，因此，计量标准的不确定度一定不会大于测量结果的不确定度。

在实际的检定过程中，计量标准与被检设备的对应参数不确定度比要小于1：4，也就是说计量标准的准确度等级与分辨力不可能低于被检设备。事实上，被检设备的重复性在多数情况下都是测量结果不确定度的主要分量之一。

3. 测量结果不确定度评定的要求

（1）对丁计量标准所开展检定、校准项目的每类典型被测件，应编制测量结果的测量不确定度评定作为报告测量结果时不确定度评定的范例。

（2）测量结果不确定度评定应根据被检设备实际情况分参数进行。

（3）对于被检设备测量范围内测量不确定度不同时，应分段进行评定。

第三章　计量标准考核技术要求例解

第二章对计量标准考核的技术要求进行了解读，但在实际操作中，对标准的理解容易出现偏差，主要体现在以下方面：

（1）部分计量标准的同一参数、不同量程存在技术指标分段的现象，当进行计量标准测量不确定度评定时，会出现测量点选择不当的情况。

（2）重复性测试所用设备选择不当，重复性条件把握不准，导致所测的重复性失准。

（3）重复性测试、稳定性考核、测量不确定度选点不一致，导致所得结果不准确。

（4）对计量标准不确定度与测量结果不确定度区分不清。

为解决上述问题，本章以低频电子电压表检定装置为例，对计量标准考核技术要求的细节进行详细讲解。

第一节　低频电子电压表检定装置简介

（一）低频电子电压表检定装置工作原理

低频电子电压表检定装置适用于 10Hz～500kHz，1mV～700V 的低频电子电压表的检定，计量标准为 5522A 型多功能校准源。低频电子电压表检定采用标准源法，工作原理见图 3-1。

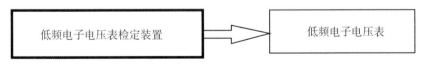

图 3-1　低频电子电压表检定工作原理图

低频电子电压表检定时，先将标准设备调整到定度频率上，输出所需标准电压到被检电压表上，分别记下标准设备和被检设备的读数，按式（3-1）计算被检电压表的基本误差。

$$\delta_0 = (U_{X1} - U_{01})/U_{01} \qquad (3\text{-}1)$$

（二）低频电子电压表检定装置主标准器技术指标

本例中低频电子电压表检定装置的主标准器为 5522A 型多功能校准源，其技术指标见表 3-1。

表 3-1 中，5522A 型多功能校准源的最大允许误差以 1 年的绝对不确定度计算，计算公式见式(3-2)。

$$\Delta = \pm(\alpha \times 10^{-6} \times 输出电压 + \beta \times 10^{-6})\,V \qquad (3\text{-}2)$$

式(3-2)中，Δ 为最大允许误差；α 为表 3-1 中，1 年绝对不确定度列中，加号左侧的数据；β 为表 3-1 中，1 年绝对不确定度列中，加号右侧的数据。

表 3-1　5522A 型多功能校准源交流电压参数技术指标表

量程	频率	绝对不确定度（1 年）±（×10⁻⁶输出+μV）	分辨力
（1~32.999）mV	（10~45）Hz	800+6	1μV
	45Hz~10kHz	150+6	
	（10~20）kHz	200+6	
	（20~50）kHz	1000+6	
	（50~100）kHz	3500+12	
	（100~500）kHz	8000+50	
（33~329.999）mV	（10~45）Hz	300+8	1μV
	45Hz~10kHz	145+8	
	（10~20）kHz	160+8	
	（20~50）kHz	350+8	
	（50~100）kHz	800+32	
	（100~500）kHz	2000+70	
（0.33~3.29999）V	（10~45）Hz	300+50	10μV
	45Hz~10kHz	150+60	
	（10~20）kHz	190+60	
	（20~50）kHz	300+50	
	（50~100）kHz	700+125	
	（100~500）kHz	2400+600	
（3.3~32.9999）V	（10~45）Hz	300+650	100μV
	45Hz~10kHz	150+600	
	（10~20）kHz	240+600	
	（20~50）kHz	350+600	
	（50~100）kHz	900+1600	

续表

量程	频率	绝对不确定度（1年） ±（×10⁻⁶输出+μV）	分辨力
（33~329.999）V	（10~45）Hz	190+2000	1mV
	45Hz~10kHz	200+6000	
	（10~20）kHz	250+6000	
	（20~50）kHz	300+6000	
	（50~100）kHz	2000+50000	
（330~1020）V	45Hz~1kHz	300+10000	10mV
	（1~5）kHz	250+10000	
	（5~10）kHz	300+10000	

第二节　重复性测试例解

重复性测试的工作要点包括测量点选择、重复性测试使用设备的选择、重复性测试的开展等。

（一）测量点选择

依据《计量测量标准建立与保持通用要求》，应在计量标准整个工作范围内选择测量点，至少应包括高、中、低3个测量点。通常须选择量程最大点、量程最小点、指标最优点、指标最差点及典型工作点。其中量程最大点与最小点依据计量标准工作范围确定，指标最优点与最差点依据主标准器技术指标确定，典型工作点依据计量技术规范确定。

由表3-1可知，5522A型多功能校准源的电压范围为1mV~1020V，而计量标准实际工作范围为1mV~700V，不需要考虑700~1020V的情况。由此确定出量程最小点为1mV（频率待定），测量最大点为700V（频率待定）。

根据主标准器技术指标，进一步分析确定测量点。主标准器在1mV~700V电压范围分为6段，每一个电压段中，又在10Hz~500kHz频率范围分为5段。观察表3-1，可以确定技术指标最优的频段为45Hz~10kHz，指标最差的频段均为最大频率点所在频段。

查表确定，电压指标最差段为（1.0~32.999）mV，（100~500）kHz。表3-1所给的误差为绝对误差，为便于衡量误差的影响程度，可将其转化为相对误差。在电压绝对误差相同的情况下，输出电压越小，相对误差越大。由此确定出量程最小点在（100~500）kHz频段为指标最差。

查表确定，电压指标在45Hz~10kHz频段内，（33~329.999）mV、（0.33~3.29999）

V、(3.3～32.9999) V 电压段内接近，通过计算确定最优点。经计算指标最优点为 32.9999V，45Hz～10kHz。依据《宽频带电子电压表检定规程》，电子电压表检定时，基准频率为 1kHz，因此在确定测量点时应选择 1kHz 作为典型频率点。

综上所述，量程最小点与指标最差点合并为同一个测量点即 1mV，(100～500) kHz，选取频率点 200kHz；指标最优点为 32.9999V，45Hz～10kHz，选取典型频率点 1kHz；量程最大点为 700V，45Hz～10kHz，选取典型频率点 1kHz。测量点共 3 个，分别为：

测量点 1：1mV，200kHz；

测量点 2：32.9999V，1kHz；

测量点 3：700V，1kHz。

(二) 重复性测试使用设备的选择

1. 设备选择基本原则

依据 GJB 2749A，重复性测试使用的设备应与标准设备准确度相当、分辨力足够、重复性良好。其中准确度相当对比设备技术指标确定；分辨力足够与重复性良好结合技术指标与试验确定。

准确度相当，是指重复性测试所使用的设备准确度与标准设备为同一量级或接近。例如，在 1mV，200kHz 测量点，5522A 型多功能校准源的技术指标为：$\pm(8000\times10^{-6}\text{mV}+50\mu V)=\pm58\mu V=\pm5.8\times10^{-5}V$ 量级，则所选用的重复性测试设备技术指标准确度为 10^{-5} 量级为宜，不应劣于 10^{-4} 量级。

分辨力足够，是指重复性测试所使用的设备分辨力能够分辨出计量标准可控制的最小变化。例如，5522A 型多功能校准源在 (1.0～32.999) mV 挡，1mV 测量点，分辨力为 $1\mu V$，输出 1mV 电压时，设置为 1.000mV，可控制的最小变化为 0.001 mV，则所选用的重复性测试设备分辨力不应劣于 $1\mu V$。

重复性良好，通过现场试验确认。需要注意，"重复性良好"是指所使用的设备重复性良好，而非计量标准。重复性测试是在短期内完成的多个单次重复测量，重复性越好，测试设备在短时间内显示的测试数值变化频率越低、幅度越小。现场试验观察中，若测试设备所测数值变化过快无法读数，则认定为重复性不好，须更换设备；若所测数值最大值与最小值大于允差的三分之一，也可认定重复性不好。

2. 设备选择方法及验证

设备初步选择时，以分辨力为主要判断依据，所选择的设备分辨力至少应与计量标准一致，最好能优于计量标准 1 位。5522A 型多功能校准源显示位数最多为 6 位，至少应选择分辨力为 6 位的交流电压表进行重复性测试。34401A 型数字多用表具备 6 位半交流电压表功能，分辨力符合要求，需进一步进行验证。

34401A 型数字多用表交流电压测量范围为 (1～750) V，分为 4 个量程：1V、10V、100V、750V，交流电压测量相关技术指标见表 3-2。

表 3-2　34401A 型数字多用表交流电压测量技术指标表

量程	频率	绝对不确定度(1 年，23℃±5℃) ±(%读数+%量程)
100.000mV	(3~5)Hz	1.00+0.04
	(5~10)Hz	0.35+0.03
	10Hz~20kHz	0.06+0.04
	(20~50)kHz	0.12+0.04
	(50~100)kHz	0.60+0.08
	(100~300)kHz	4.00+0.50
(1.000000~750.000)V	(3~5)Hz	1.00+0.03
	(5~10)Hz	0.35+0.03
	10Hz~20kHz	0.06+0.03
	(20~50)kHz	0.12+0.04
	(50~100)kHz	0.60+0.08
	(100~300)kHz	4.00+0.50

对 34401A 型数字多用表技术指标的分析见表 3-3。

表 3-3　34401A 型数字多用表交流电压测量技术指标分析表

测量点	准确度分析		分辨力分析		结论
	5522A 型	34401A 型	5522A 型	34401A 型	
1mV 200kHz	$\pm(8000\times10^{-6}\text{mV}+50\mu\text{V})$ $\pm58\mu\text{V}$	$\pm(4\%\times1\text{mV}+0.5\%$ $\times100\text{mV})\pm540\mu\text{V}$	1μV	0.1μV	满足要求
32.9999V 1kHz	$\pm(150\times10^{-6}\times32.9999\text{V}$ $+600\mu\text{V})\pm5.55\text{mV}$	$\pm(0.06\%\times32.9999\text{V}$ $+0.03\%\times100\text{V})\pm49.8\text{mV}$	0.1mV	0.01mV	满足要求
700V 1kHz	$\pm(250\times10^{-6}\times700\text{V}$ $+10000\mu\text{V})\pm0.185\text{V}$	$\pm(0.06\%\times700\text{V}+0.03\%$ $\times750\text{V})\pm0.645\text{V}$	10mV	1mV	满足要求

　　由上述验证工作可知，34401A 型数字多用表，在技术指标上符合重复性测试使用设备的条件。

　　某 34401A 型数字多用表，编号 MY53021234。经试验观察，在 10V，1kHz 验证点上，测量结果 5 分钟内在 9.9885~9.9911V 范围内波动，且测试结果可以准确清楚地读出和记录。

　　在 10V，1kHz 处的允差为：

$$\Delta = \pm(0.06\% \times 10\text{V} + 0.03\% \times 10\text{V}) = \pm 0.009\text{V}$$

观测结果的极差为：

$$\sigma = 0.0026\text{V}$$

经比较，满足 $\sigma \leqslant \Delta/3$ 的要求。

综上，编号为 MY53021234 的 34401A 型数字多用表可以用于低频电子电压表检定装置主标准器 5522A 型多功能校准源的重复性测试。

（三）重复性测试的开展

重复性测试时，5522A 型多功能校准源持续输出交流电压信号，每 10s 记录一次数据，所得重复性测试数据如表 3-4、表 3-5、表 3-6 所示。

1. 测量点 1（1mV，200kHz）

表 3-4　测试数据表①

n	1	2	3	4	5	6
X_i(mV)	0.9823	0.9837	0.9842	0.9854	0.9821	0.9832
平均值	$X_0 = 0.9835\text{mV}$		标准差	$s(X_i) = 0.0012\text{mV}$		

转换为相对量：$s(X_i') = 0.12\%$。

2. 测量点 2（32.9999V，1kHz）

表 3-5　测试数据表②

n	1	2	3	4	5	6
X_i(V)	32.9915	32.9923	32.9909	32.9911	32.9920	32.9908
平均值	$X_0 = 32.9914\text{V}$		标准差	$s(X_i) = 0.0006\text{V}$		

转换为相对量：$s(X_i') = 0.0018\%$。

3. 测量点 3（700V，1kHz）

表 3-6　测试数据表③

n	1	2	3	4	5	6
X_i(V)	699.897	699.902	699.913	699.906	699.891	699.895
平均值	$X_0 = 699.901\text{V}$		标准差	$s(X_i) = 0.008\text{V}$		

转换为相对量：$s(X_i') = 0.0011\%$。

综上，完成重复性测试。

(四)重复性测试常见问题

1. 用于重复性测试设备的分辨力不够

在本章所举例子中，如果使用 3 位半或 4 位半的 FLUKE15 型手持式多用表进行 5522A 型多功能校准源的重复性测试，将基本上无法分辨出 5522A 型多功能校准源最小位数上数值的变化，通常在很长的时间内才会出现一次数据波动。下面以 10V 测量点为例进行说明。

5522A 型多功能标准源输出为 10.00V，1kHz 交流电压，使用 FLUKE15 型手持式多用表监控测量结果发现，10 分钟内所测结果为 10.08V，但出现过 1 次数据波动，测试结果为 10.10V。若使用该表进行重复性测试，可能出现 2 种结果，见表 3-7。情况 1 所测结果为 0，没有达到重复性测试的意义；情况 2 所测结果明显大于正常值，重复性测试结果错误。

情况 1 与情况 2 说明选择分辨力不够的测试设备用于重复性测试，无法考核出计量标准的重复性。情况 3 选用 34401A 型数字多用表进行计量标准的重复性考核，就可以有效测试出随机因素导致的计量标准输出波动。

表 3-7　三种情况的重复性测试结果

情况 1					
n	1	2	3	4	5	6
$X_i(V)$	10.08	10.08	10.08	10.08	10.08	10.08
平均值	$X_0 = 10.08V$		相对标准差	$s(X_i') = 0$		
情况 2					
n	1	2	3	4	5	6
$X_i(V)$	10.08	10.08	10.08	10.08	10.08	10.10
平均值	$X_0 = 10.08333V$		相对标准差	$s(X_i') = 0.08\%$		
情况 3(正确的测试结果)					
n	1	2	3	4	5	6
$X_i(V)$	9.9822	9.9828	9.9833	9.9835	9.9831	9.9823
平均值	$X_0 = 9.98287V$		相对标准差	$s(X_i') = 0.005\%$		

综上，用于重复性测试设备的分辨力不够会得出错误的重复性测试结果，导致 A 类测量不确定度评定出现偏差。

2. 用于重复性测试设备的稳定性不好

用于重复性测试设备的稳定性不好，主要以两种方式体现：一是 3 组测量数据平均值有明显差别；二是 3 组测量数据计算的重复性相差较大。举例说明。

【例 1】　在对铷钟进行重复性测试时，记录了 3 组重复性数据，见表 3-8。

表 3-8 铷钟重复性测试数据

测量次数	第一组数据	第二组数据	第三组数据
1	5.000000018	5.000000076	5.000000033
2	5.000000019	5.000000072	5.000000032
3	5.000000017	5.000000075	5.000000035
4	5.000000020	5.000000080	5.000000040
5	5.000000019	5.000000071	5.000000037
6	5.000000022	5.000000072	5.000000036
平均值	5.0000000187	5.0000000743	5.0000000355

如表 3-8 所示,重复性测试数据呈阶梯状波动,可能是因选用设备稳定性不好引起的测试结果平均值波动。

【例 2】 在对多功能源进行重复性测试时,对 30V 直流电压点进行 3 组重复性测试,数据见表 3-9。

表 3-9 多功能源重复性测试数据

组数	测量结果(V)						平均值(V)	标准差(V)
	1	2	3	4	5	6		
第 1 组	29.9823	29.9837	29.9842	29.9854	29.9821	29.9832	29.9835	0.0012
第 2 组	29.9815	29.9823	29.9809	29.9811	29.9820	29.9808	29.9814	0.0006
第 3 组	29.9842	29.9843	29.9836	29.9840	29.9841	29.9838	29.9840	0.0003

如表 3-9 所示,测量结果平均值无明显异常,但标准差变化较大,可能是选用设备稳定性不好引起的测试结果标准差波动。

实际上,出现上述情况时,无法判断是计量标准重复性不好还是所选用的设备稳定性不好,需进一步分析研判。可采用的方法包括更换同型号重复性测试设备,比对测量结果;使用经验证稳定性合格的其他计量标准进行重复性测试;由上级计量技术机构进行重复性测试。

综上,在对计量标准进行重复性测试时,需要分别进行短期稳定度、日稳定度的验证,确保所选用的重复性测试设备稳定性良好。

3. 重复性测试数据的筛选

重复性测试需要得到计量标准可靠的重复性数据,但在实际测试的过程中可能会出现错误或扰动。这种异常数据无法真实体现计量标准的重复性。因此在进行重复性测试时,应对数据进行筛选，具体步骤如下：

（1）进行重复性测试；

（2）用观察法对数据进行初筛；

（3）按照异常数据筛查的方法进行数据筛选，排除异常数据组。应使用统计方法进行判别，包括 3σ 准则、格拉布斯准则、迪克逊准则等方法；

（4）如果出现排除数据的情况，则补充相应数据组，直到有 3 组数据；

（5）取 3 组数据中最优的一组。

注意：重复性测试不能挑选数据，即不能排除某组中的 1 个数据，而是整组排除。另外，读数间隔不宜过短也不宜过长，建议每 10s 进行一次读数。

📝扩展学习：

异常数据筛选的统计方法

常用的异常数据筛选方法有三种。

1. 3σ 准则

3σ 准则适用于测量次数大于 50 的情况，其判定依据是：若 $|\nu_d| = |x_d - \bar{x}| \geqslant 3s$，则认定为粗大误差，式中，$\nu_d$ 为残差，x_d 为测量值，$\bar{x}$ 为平均值，s 为方差。

2. 格拉布斯准则

格拉布斯准则适用于样本中只有一个异常值的情况，其操作简单易行，是工作中适用最多的准则。

其判定依据为：若 $|\nu_d| = |x_d - \bar{x}| \geqslant G(\alpha, n)s$，则认定为粗大误差，式中，$G(\alpha, n)$ 为格拉布斯准则的临界值，可以通过查表获得。

3. 狄克逊准则

狄克逊准则适用于样本中有多个异常值的情况。

将测量值按大小排序，得到序列 $x_1', x_2', \cdots, x_n'$。构造统计量：r_{ij} 与 r_{ij}'。

若 $r_{ij} > r_{ij}'$，$r_{ij} > D(\alpha, n)$，则判断 x_n' 为异常值；

若 $r_{ij} < r_{ij}'$，$r_{ij}' > D(\alpha, n)$，则判断 x_1' 为异常值。

第三节　稳定性测试例解

稳定性测试通常每隔一个月进行一次重复性测试，共进行 4 组，利用 4 组数据计算计量标准的稳定性。稳定性测试所选测量点、测试用设备、测试方法需与重复性测试完全一致。

（一）稳定性测试的开展

每隔一个月进行一次重复性测试，测试数据如表 3-10~表 3-12 所示。

1. 测量点 1(1mV，300kHz)

表 3-10　测试数据表 1

时间(月、日)	x_1（V）	x_2（V）	x_3（V）	x_4（V）	x_5（V）	x_6（V）	$\overline{x}$（V）
6. 26	0.9823	0.9837	0.9842	0.9854	0.9821	0.9832	0.9835
7. 27	0.9815	0.9821	0.9828	0.9823	0.9812	0.9817	0.9819
8. 24	0.9822	0.9828	0.9833	0.9835	0.9831	0.9823	0.9829
9. 25	0.9778	0.9773	0.9763	0.9766	0.9761	0.9770	0.9768

用极差法进行稳定性考核：

$$S_m = \frac{x_{max} - x_{min}}{d_m} = \frac{0.9835 - 0.9768}{2.06} = 0.0032 \text{mV}$$

转换为相对值为 $S'_m = (0.0032/1) \times 100\% = 0.32\%$。

2. 测量点 2(32.9999V，1kHz)

表 3-11　测试数据表 2

时间(月、日)	x_1（V）	x_2（V）	x_3（V）	x_4（V）	x_5（V）	x_6（V）	$\overline{x}$（V）
6. 26	32.9915	32.9923	32.9909	32.9911	32.9920	32.9908	32.9914
7. 27	32.9942	32.9944	32.9947	32.9945	32.9947	32.9952	32.9946
8. 24	32.9931	32.9935	32.9937	32.9934	32.9942	32.9940	32.9936
9. 25	32.9897	32.9901	32.9895	32.9898	32.9894	32.9902	32.9898

用极差法进行稳定性考核：

$$S_m = \frac{x_{max} - x_{min}}{d_m} = \frac{32.9946 - 32.9898}{2.06} = 0.0023 \text{V}$$

转换为相对值为 $S'_m = (0.0023/32.9999) \times 100\% = 0.007\%$。

3. 测量点 3(700V，1kHz)

表 3-12　测试数据表 3

时间(月、日)	x_1（V）	x_2（V）	x_3（V）	x_4（V）	x_5（V）	x_6（V）	$\overline{x}$（V）
6. 26	699.897	699.902	699.913	699.906	699.891	699.895	699.901
7. 27	699.933	699.968	699.902	699.971	699.886	699.914	699.929
8. 24	699.626	699.567	699.648	699.590	699.535	699.607	699.596
9. 25	699.338	699.424	699.301	699.586	699.471	699.432	699.425

用极差法进行稳定性考核：

$$S_m = \frac{x_{\max} - x_{\min}}{d_m} = \frac{699.929 - 699.425}{2.06} = 0.24\text{V},$$

转换为相对值为 $S'_m = (0.24/700) \times 100\% = 0.03\%$ 。

至此，稳定性测试已经完成，但稳定性测试是否通过尚不可知，需完成计量标准的测量不确定度评定后方可确定。

(二)稳定性测试的常见错误

稳定性测试最常见的错误是将式(2-2)中的 $x_{\max}$ 当作 m 组测量结果的最大值、$x_{\min}$ 当作 m 组测量结果的最小值。以测量点2(32.9999V，1kHz)数据举例(表3-11)。

正确的 $x_{\max}$ 值为32.9946V，错误的值为33.9952V；正确的 $x_{\min}$ 值为32.9898V，错误的值为32.9894V。正确的稳定性测试结果为0.0023V，错误的结果为0.0058V。这种错误的方法会放大稳定性测试的结果，可能导致稳定性不通过考核的情况。

第四节　计量标准不确定度评定例解

本书主要讨论基层级计量技术机构计量标准考核，所针对的计量标准测量原理均为最简单的直接测量法或比对测量法，各不确定分量均独立，可直接按照简易方法进行评定。

(一)计量标准不确定度评定

1. 测量不确定度来源分析

低频电子电压表检定装置的不确定来源主要包括重复性引入的测量不确定度、计量标准自身引入的测量不确定度、计量标准分辨力引入的测量不确定度、环境条件引入的测量不确定度。

2. 测量不确定度分量评定

(1)被测设备重复性引入的测量不确定度，按A类评定。

测量点1(最优点)：32.9999V，1kHz；

由重复性测试结果可知：$a_{A1} = 0.0018\%$，$u_{A11} = 0.0018\%/\sqrt{6} = 0.0007\%$。

测量点2(最差点)：1mV，200kHz；

由重复性测试结果可知：$a_{A2} = 0.12\%$，$u_{A12} = 0.12\%/\sqrt{6} = 0.05\%$。

(2)计量标准自身引入的测量不确定度按B类评定，均匀分布。

测量点1(最优点)：32.9999V，1kHz；

计量标准的最大允差 $\Delta = 150 \times 10^{-6} \times$ 测量值 $+ 600\mu$V；

相对误差 $\delta = (150 \times 10^{-6} \times 32.9999\text{V} + 600\mu\text{V})/32.9999\text{V} = 0.017\%$ 。

该测量点：$u_{B11} = 0.017\%/\sqrt{3} = 0.01\%$ 。

测量点 2(最差点)：1mV，200kHz；

计量标准的最大允差 $\Delta = 8000 \times 10^{-6} \times$ 测量值 $+ 50\mu V$；

相对误差 $\delta = (8000 \times 10^{-6} \times 1mV + 50\mu V)/1mV = 5.8\%$；

该测量点：$u_{B12} = 5.8\%/\sqrt{3} = 3.35\%$。

(3)计量标准分辨力引入的测量不确定度。

测量点 1(最优点)：32.9999V，1kHz；

计量标准的分辨力为 $100\mu V$；

分辨力引入的不确定度为 $100\mu V/2\sqrt{3} = 28.9\mu V$；

转化为相对值为 0.0009%，远小于 u_{B11}，可忽略不计。

测量点 2(最差点)：1mV，200kHz；

计量标准的分辨力为 $1\mu V$；

分辨力引入的不确定度为 $1\mu V/2\sqrt{3} = 0.29\mu V$；

转化为相对值为 0.029%，远小于 u_{B12}，可忽略不计。

(4)环境条件引入的测量不确定度。

本计量标准在环境条件稳定的实验室运行，温湿度条件满足计量标准和检定规程的要求，环境条件引入的不确定度可忽略不计。

3. 合成不确定度

$$u_{C11} = \sqrt{u_{A11}^2 + u_{B11}^2} = 0.01\%；\quad u_{C12} = \sqrt{u_{A12}^2 + u_{B12}^2} = 3.4\%。$$

4. 扩展不确定度

U_{rel}：0.02% ~ 6.8%（$k=2$）。

(二)计量标准不确定度评定的注意事项

1. 不确定度来源分析完整性

对计量标准进行不确定度分析时，需要完整地分析可能引入不确定度的因素，有的分量可能很小，可以忽略不计，但仍然需要进行计算验证或说明。

2. 关于不确定度分量可以忽略不计的条件

当不确定分量小于最大不确定度分量的 25%时，对合成不确定度的影响就可以忽略不计。

3. 关于不确定度的范围

对于量值连续的计量标准，需要在计量标准实际工作范围的最大点、最小点和最优点分别进行不确定度计算，以确定不确定度的范围。

对于工作点固定的计量标准，应按点进行不确定度评定，而不能给出不确定度范围。

4. 关于不确定度的有效数字

不确定度是用于表明不准确程度的，有效数字位数过多是没有意义的，通常取 1~2 位有效数字，在计算过程中可以多取 1 位有效数字。

5. 绝对不确定度与相对不确定度

在不确定度评定时，通常先进行绝对量的评定，再转化为相对量。切勿绝对量与相对量混用，那样评定出来的结果一定是错误的。

注意，有的量是用百分比表示的绝对量，例如，高频信号源的调幅度参量就是用百分比表示的绝对量，切勿用"%"判断绝对不确定度与相对不确定度。

第五节　计量标准性能验证例解

基层级计量技术机构计量标准性能验证通常使用传递比较法，用高一级计量标准和被验证计量标准测量同一个分辨力足够且稳定的被测对象，比较上级标准和本级标准的检定结果。

(一)计量标准性能验证实例

用本级计量标准测量数字多用表(型号：34401A，编号：MY53021234)，测量点选取不确定度最大点(10mV，200kHz)与最优点(1V，1kHz)。

10mV，200kHz 测量点测量结果：9.8613mV，$U_0 = 0.67\%$（$k = 2$）；

1V，1kHz 测量点测量结果：1.00012V，$U_0 = 0.02\%$（$k = 2$）。

将数字多用表(型号：34401A，编号：MY53021234)送检至电学国防一级站，一级站出具检定证书结论为合格，相应测量点的测量结果如下：

10mV，200kHz 测量点测量结果：9.8430mV，$U = 0.29\%$（$k = 2$）；

1V，1kHz 测量点测量结果：1.00003V，$U = 0.007\%$（$k = 2$）。

使用式(2-6)对计量标准性能进行验证，验证结果见表3-13。

表 3-13　计量标准性能数据表

频率点	上级计量机构测量值 y 与 U	本标准测量值 y_0 与 U_0	$\lvert y - y_0\rvert/y_0$	结论
标称值 10mV 点				
200kHz	9.8430mV $U = 0.29\%$	9.8613mV $U_0 = 0.67\%$	0.18%	通过验证
标称值 1V 点				
1kHz	1.00003V $U = 0.007\%$	1.00012V $U_0 = 0.02\%$	0.009%	通过验证

注：判据为 $\lvert y - y_0\rvert \leqslant \sqrt{U^2 + U_0^2}$，$U_0$ 为被验证标准扩展不确定度，U 为上级标准扩展不确定度。

(二)计量标准性能验证注意事项

1. 验证方法的选择

　　传递比较法是基层站进行计量标准性能验证的首选方法。当上级计量技术机构计量标准与本级计量标准不确定度比或允差比不大于$1:4$时，应使用传递比较法。

　　两台比较法通常在本级计量标准与上级计量标准不确定度比或允差比大于$1:4$时使用，此时本级计量标准与上级计量标准性能相当，不形成溯源关系。但两种方法的原理是一致的，即对同一设备使用不同计量标准进行测量，防止出现本级计量标准性能偏差的情况。两台比较法还有一种使用情况，即用于验证的设备无法溯源或来不及溯源，可联系同级别的计量技术机构对同一台被检设备进行计量。用两台比较法进行计量标准性能验证。

　　2. 验证点的选取

　　无论是传递比较法，还是两台比较法，验证点的选取均为测量不确定度最大点与最优点。对于在固定点工作的计量标准，需对每一个工作点进行验证。

　　3. 关于验证计算过程注意事项

　　计量标准的不确定度可以用绝对数表示，也可以用相对数表示，在进行计量标准性能验证时需注意，要将表示方法统一。在本节示例中，测量不确定度使用百分数表示，计算时将测量结果转化为相对数，实现对结果的比较。

　　4. 关于验证设备溯源

　　在实际工作中，用于计量标准性能验证的设备也同样用于计量标准的核查，该设备在平时是不需要溯源的，但在计量标准考核当年，应将该设备列入溯源计划。另外，送检时应向上级计量技术机构明确测量点，避免出现所需测量点未检定的情况。

第六节　测量结果不确定度评定例解

　　测量结果不确定度是指计量标准开展检定、校准时所得测量结果的测量不确定度。在进行测量结果不确定度评定时，要考虑整个测量过程所有的不确定度来源。

（一）测量结果不确定度评定实例

　　选择典型被检定对象 VT-186 型低频电子电压表（序列号为 13050385），进行测量结果不确定度评定。对该电压表进行检定的不确定度来源包括计量标准引入的不确定度、被检设备重复性引入的不确定度、被检设备分辨力引入的不确定度、环境条件引入的不确定度，应逐项进行评定。

　　1. 计量标准引入的不确定度 u_{BI}

　　查询设备说明书可得到计量标准在不同测量点的最大允许误差，具体指标见表 3-1。依据《宽频带电子电压表检定规程》，电子电压表的检定项目为基本误差检定与频响误差检定，两个检定项目均为测量不同频率的电压值。基本误差检定时，频率为 1kHz，在不同电压输出点，由被检表测量计量标准输出的电压值；频响误差检定时，电压输出为 1V，在不同频率点，由被检表测量计量标准输出的电压值。

基本误差检定项目的测量点选择最优点"1kHz，30V"、中间点"1kHz，1V"和最差点"1kHz，10mV"。频响误差检定项目的测量点选择最优点"1kHz，1V"、常用点"50Hz，1V"、"400Hz，1V"和最差点"200kHz，1V"。

计量标准引入的不确定度按 B 类不确定度进行评定，结果如表 3-14 所示。

表 3-14　B 类不确定度评定表

测量点	最大允许误差表达式 Δ	Δ_i	$u_{B1i}=\Delta_i/($输出值$\times\sqrt{3})$
1kHz，30V	$\pm(150\times10^{-6}\times$输出值$+600\times10^{-6})$ V	±0.005100V	0.01%
1kHz，1V	$\pm(150\times10^{-6}\times$输出值$+60\times10^{-6})$ V	±0.000210V	0.012%
1kHz，10mV	$\pm(150\times10^{-6}\times$输出值$+6\times10^{-6})$ V	±0.000008V	0.046%
50Hz，1V	$\pm(150\times10^{-6}\times$输出值$+60\times10^{-6})$ V	±0.000210V	0.012%
400Hz，1V	$\pm(150\times10^{-6}\times$输出值$+60\times10^{-6})$ V	±0.000210V	0.012%
100kHz，1V	$\pm(550\times10^{-6}\times$输出值$+250\times10^{-6})$ V	±0.000800V	0.046%

2. 被检设备重复性引入的不确定度 u_{Ai}

被检设备重复性测试采取固定被检读标准的方法进行，测试时调整计量标准输出，使被检表指示整数值刻度。被检设备重复性引入的不确定度按 A 类评定，结果如表 3-15 所示。

表 3-15　重复性测试数据表

测量点	测量结果（V）						重复性（%）	u_{Ai}（%）
	1	2	3	4	5	6		
1kHz，10mV	9.84	9.86	9.86	9.84	9.84	9.84	0.1	0.04
1kHz，1V	1.01	1.01	1.01	1.01	1.01	1.01	0	0
1kHz，30V	30.20	30.20	30.20	30.20	30.20	30.20	0	0
50Hz，1V	1.01	1.01	1.01	1.01	1.01	1.01	0	0
400Hz，1V	1.01	1.01	1.01	1.01	1.01	1.01	0	0
100kHz，1V	1.01	1.02	1.01	1.01	1.01	1.01	0.4	0.16

3. 被检设备分辨力引入的不确定度 u_{B2}

被检设备分辨力引入的不确定度按 B 类评定，由被检表各量程最小刻度表征的电压值确定，结果如表 3-16 所示。

表 3-16　分辨力引入不确定度数据表

测量点	分辨力	计算公式	u_{B2i}
1kHz，30V	0.5V		0.29%
1kHz，1V	0.01V		0.29%
1kHz，10mV	0.1mV	$u_{B2i} = \left[分辨力/(2\sqrt{3}\times测量结果) \right] \times 100\%$	0.29%
50Hz，1V	0.01V		0.29%
400Hz，1V	0.01V		0.29%
100kHz，1V	0.01V		0.29%

4. 其他不确定度分量

计量标准分辨力引入的不确定度可忽略不计，在本章第四节已论述。

对低频电子电压表的检定工作在环境条件稳定的实验室运行，温湿度条件满足计量标准和检定规程的要求，环境条件对计量标准和被检件引入的不确定度可忽略不计。

5. 测量结果不确定度评定

将测量结果的 A 类不确定度与 B 类不确定度进行合成，公式见第二章式(2-4)。扩展不确定度计算公式见第二章式(2-5)。对 6 个测量点进行测量结果的不确定度评定，评定结果见表 3-17。

表 3-17　测量结果不确定度评定表

测量点	u_{Ai}	u_{B1i}	u_{B2i}	合成标准不确定度 u_{Ci}	扩展不确定度 $U(k=2)$
1kHz，30V	0.04%	0.01%	0.29%	0.29%	$U=0.6\%$
1kHz，1V	0	0.01%	0.29%	0.29%	$U=0.6\%$
1kHz，10mV	0	0.05%	0.29%	0.29%	$U=0.6\%$
50Hz，1V	0	0.01%	0.29%	0.29%	$U=0.6\%$
400Hz，1V	0	0.01%	0.29%	0.29%	$U=0.6\%$
100kHz，1V	0.16%	0.05%	0.29%	0.33%	$U=0.7\%$

(二) 测量结果不确定度评定注意事项

1. 计量标准不确定度与测量结果不确定度的区别

计量标准不确定度是计量标准的一项技术特性，表征的是计量标准在使用过程中存在的不确定度。测量结果不确定度是整个测量过程中的总不确定度，计量标准不确定度是测量结果不确定度的一个分量；计量标准不确定度是对计量标准整个工作范围的描述，通常是一个区间，只有在固定点使用的计量标准，才会按点进行评定并表示。测量结果不确定度是针对每一个测量结果进行评定的，通常对每一个数据逐点评定；计量标准不确定度的主要来源是计量标准自身的误差。测量结果不确定度的主要来源是计量工作开展时的测量重复性或被测设备的分辨力。

2. 被测设备的重复性

通常计量标准的准确度等级或测量不确定度远优于被测设备，在进行测量结果不确定度评定时，被测设备的指示值不发生变化是正常的。在本例中，计量标准的性能和分辨力远优于被测设备，所以重复性测试时，有4组数据是不发生变化的。这也说明，在考察计量标准重复性时，所用的被测设备分辨力至少要与计量标准一致，被测设备分辨力低于计量标准时，重复性测试的结果是被测设备的重复性。

3. 计量标准不确定度与测量结果不确定度的大小关系

计量标准不确定度是测量结果不确定度的一个分量，因此计量标准不确定度一定不大于测量结果不确定度。若出现计量标准不确定度大于测量结果不确定度，则说明在进行计量标准重复性测试时出现了问题，可能出现的原因如下：

(1) 使用的测试设备分辨力位数不够；

(2) 使用的测试设备稳定性差，导致数据出现较大偏移；

(3) 测量过程失控，导致出现人为差错。

此时应对计量标准重复性测试的各个环节进行检查，考察是否存在用于测试的设备分辨力不够、稳定性不好的情况，整个测量过程是否出现差错。之后，更换测试设备、更换测试人员重新进行计量标准重复性考核，必要时委托上级计量技术机构进行计量标准的重复性考核。

第二篇 计量标准考核文件范例

第二篇为六项基层站常用计量标准考核文件的编写范例，共包含六章，分别为：第四章 0.02级活塞式压力计标准装置考核文件编写范例、第五章 检定测微量具标准器组考核文件编写范例、第六章 检定通用卡尺量具标准器组考核文件编写范例、第七章 检定指示量具标准器组考核文件编写范例、第八章 扭矩扳子检定装置考核文件编写范例、第九章 多功能校准源标准装置考核文件编写范例。

本篇编写的计量标准考核文件编写范例，以计量测量标准建立与保持通用要求规定为准，分别编制考核表与建标报告。在编写考核文件时应先编制建标报告，建标报告是计量标准考核全部试验过程和结果的体现，考核表是依据建标报告试验结果，对计量标准满足要求的判定。基层站结合自身计量标准与相关试验情况，参考本书范例编制考核表与建标报告。

第四章 0.02 级活塞式压力计标准装置考核文件编写范例

第一节 建标报告编写范例

特别提示：

(1)本节为 0.02 级活塞式压力计标准装置建标报告编写范例。

(2)搭建该计量标准可选设备型号众多，本书使用者应根据所在单位建立计量标准的实际情况加以调整。

(3)对于不同型号的设备，主标准器在测量范围、技术指标上均有变化，本书使用者在进行计量标准重复性考核、稳定性考核、测量不确定度评定、计量标准性能验证、测量结果不确定度评定时，应根据所选设备的实际指标进行计算。

(4)本例所进行的测量不确定度评定，其测量不确定度来源在不同地区、不同实验室环境下有所区别，本书使用者应根据所在单位的实际情况加以调整。

(5)编制建标报告时，须区分新建计量标准与计量标准复审，在填写建标报告时，所填信息有所区别。本书使用者需注意，在建标报告第十四项"附录"中，须体现出新建与复审的区别。

(6)本例的建标报告格式为现行有效版本，若建标报告格式发生变化，以新版格式为准。

计 量 标 准

建标技术报告

（版本号：第 1 版）

计量标准名称 <u>0.02 级活塞式压力计标准装置</u>

计量技术机构名称 <u>××计量室</u> （盖章）

编写 _____ ____年__月__日

审核 _____ ____年__月__日

批准 _____ ____年__月__日

××计量管理部门

说　　明

1. 封面

（1）"版本号"：按"第 1 版""第 2 版"等的格式填写该计量标准技术报告编写或修订的版次。

（2）"计量技术机构名称"一栏填写上级主管部门正式批准的计量技术机构全称，与认可或考核的名称一致，并加盖计量技术机构公章。

（3）"编写""审核""批准"分别由该报告的编写人、审核人和批准人签字。

（4）日期一栏用阿拉伯数字书写。如：2020 年 10 月 1 日。

2. 目次

目次内容的各项应列出其编号、标题及所在页码。编号一律左对齐，编号与标题之间用"、"，标题与页码之间用"……"连接，页码右对齐。如："一、建立计量标准的目的…………1。"

3. 其他栏目

其他栏目的填写说明见相应栏目的注。

4. 要求

（1）计量标准技术报告上报时，保留说明和注。

（2）计量标准技术报告采用 A4 幅面的纸张打印，目次内容和标题采用楷体 4 号，正文采用宋体 4 号，表格内容采用宋体 5 号。

目　次

一、建立计量标准的目的

一般压力表、精密压力表和数字压力计广泛应用于科研、生产中。为保证压力量值的准确可靠，保证科研生产中的压力测量质量，建立了 0.02 级活塞式压力计标准装置。

此标准装置的建立，确保了量程为(0.04~60)MPa，等级为 1.0 级及以下一般压力表、0.1 级及以下精密压力表和 0.05 级及以下数字压力计量值的传递工作，保证被检压力表、精密压力表和数字压力计量值准确可靠。

二、计量标准的组成和工作原理

1. 计量标准的组成和工作原理

本标准活塞压力计是由压力测量装置(活塞、活塞缸、砝码及挂篮)、压力源(预压泵、截止阀、卸压阀、调压器、油箱、快速接头)、位置指示器、温度监测器等组成，其工作原理如下图所示。

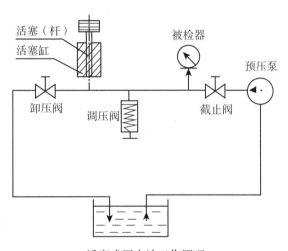

活塞式压力计工作原理

其工作原理是利用力的静平衡原理，即作用于活塞杆下端面的液体压力所形成的力与施加在上端面的专用砝码(活塞杆以及其连接件)产生的重力相平衡。

二、计量标准的组成和工作原理(续)

本标准装置适用于压力计量(检测一般压力表、精密压力表和数字压力计等)。

2. 检定方法

该标准设备采用直接测量法实现对被检设备的检定。

3. 依据的检定规程

JJG 52—2013《弹性元件式一般压力表、压力真空表和真空表检定规程》;

JJG 49—2013《弹性元件式精密压力表和真空表检定规程》;

JJG 875—2019《数字压力计检定规程》。

注 1:栏一,说明建立计量标准的目的和意义,明确保障对象的种类和主要技术指标。

注 2:栏二,概述计量标准的组成和工作原理;简要说明主要项目的检定、校准方法(必要时,画出连接框图);列出依据的检定规程或校准规程等计量技术文件的代号和名称,说明选择的理由和适用性。

三、计量标准性能

1. 测量范围

（0.04~0.6）MPa；

（0.1~6）MPa；

（1~60）MPa。

2. 准确度等级

0.02 级。

3. 允许最大误差

压力值在测量下限时：最大允许误差为测量下限的±0.02%；

压力值在测量范围以内时：最大允许误差为测量实际值的±0.02%。

4. 砝码质量允许误差

±0.008%。

5. 活塞有效面积标称值

$0.0499762 cm^2$，（1~60）MPa；

$0.5007723 cm^2$，（0.1~6）MPa；

$0.9805622 cm^2$，（0.04~0.6）MPa。

6. 使用介质

航空变压器油或癸二酸二异辛酯。

注：说明整套计量标准的主要技术指标，包括参数、测量范围及不确定度、准确度等级或最大允许误差。

四、构成计量标准的主标准器及配套设备

	名称	型号规格	出厂编号	生产国别厂家	研制或购进时间	测量范围	不确定度、准确度等级或最大允许误差	检定（校准）机构	检定（校准）时间	检定（校准）证书号
主标准器	活塞式压力计	ZH220-0.6		北京中航机电有限公司		(0.04~0.6) MPa	0.02 级			
	活塞式压力计	CW-60T		陕西创威科技有限公司		(0.1~6) MPa	0.02 级			
	活塞式压力计	CW-600T		陕西创威科技有限公司		(1~60) MPa	0.02 级			
配套设备	专用砝码	(0.01~0.1) MPa		北京中航机电有限公司		(0.04~0.6) MPa	±0.008%			
	专用砝码	(0.1~0.5) MPa		陕西创威科技有限公司		(0.1~6) MPa	±0.008%			
	专用砝码	(1~5) MPa		陕西创威科技有限公司		(1~60) MPa	±0.008%			

注1：当使用校准值时，在"测量不确定度、准确度等级或最大允许误差"栏填写该值的测量不确定度。

注2：检定证书号或校准证书号为申报时有效期内的证书号。

注3：自动化或半自动化的计量标准中的计算机及测试软件为配套设备，不必检定或校准；开发的软件标明是否经过验证，在"检定（校准）时间"栏内填写验证时间。

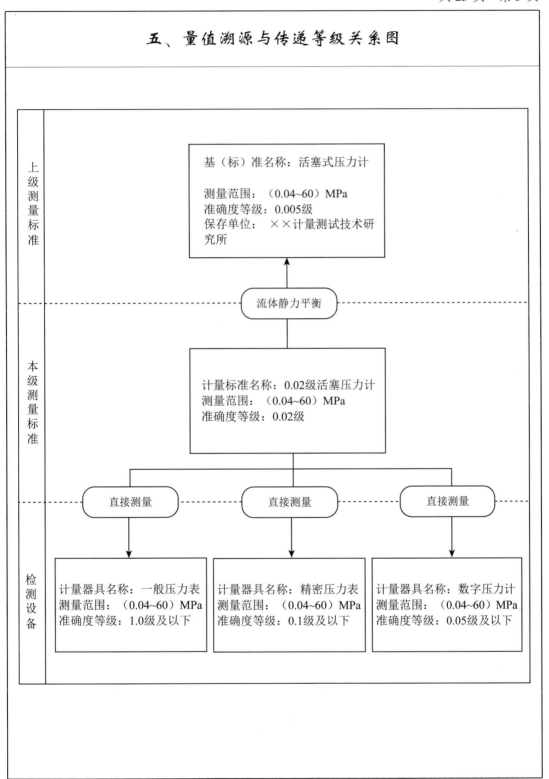

五、量值溯源与传递等级关系图

上级测量标准	基（标）准名称：活塞式压力计 测量范围：（0.04~60）MPa 准确度等级：0.005级 保存单位：××计量测试技术研究所

流体静力平衡

本级测量标准	计量标准名称：0.02级活塞压力计 测量范围：（0.04~60）MPa 准确度等级：0.02级

直接测量　　直接测量　　直接测量

| 检测设备 | 计量器具名称：一般压力表 测量范围：（0.04~60）MPa 准确度等级：1.0级及以下 | 计量器具名称：精密压力表 测量范围：（0.04~60）MPa 准确度等级：0.1级及以下 | 计量器具名称：数字压力计 测量范围：（0.04~60）MPa 准确度等级：0.05级及以下 |

六、检定人员

姓　名	技术职称	检定专业项目	从事该专业年限	检定员证号

七、环境条件

项目名称	要　　求	实际情况
环境温度	(20±2)℃	(18.0~22.0)℃
相对湿度	≤75%	30%~60%
干扰	无影响工作的电磁干扰和机械振动	无影响工作的电磁干扰和机械振动

注 1：栏六，应至少填写两名从事该项目的在岗计量检定员。

注 2：栏七，逐项说明影响检定、校准结果的主要环境影响量（如温度、湿度、电源电压和频率等）的具体要求和实际情况。"实际情况"应填写计量标准工作环境的实际范围。

八、计量标准的重复性

在校准实验室条件进行重复性测试。按贝塞尔公式 $S(X_i)=\sqrt{\sum_{i=1}^{n}\dfrac{(X_i-X_0)^2}{n-1}}$ 计算标准偏差，并用标准偏差来表征计量标准的重复性。其中，X_i 为某次测量次数，X_0 为平均值。

1.（0.04~0.6）MPa 量程 0.02 级活塞式压力计的重复性

选取量程为（0~0.6）MPa，准确度为 0.05% 的数字压力计在正常工作条件下，在 0.6MPa 受检点处直接重复测量 6 次，各次测量值如下表所示。

n	1	2	3	4	5	6
X_i(MPa)	0.6001	0.6001	0.6001	0.6000	0.6001	0.6000
平均值	$X_0=0.60005$MPa		标准差	$S(X_i)=5.47\times10^{-5}$MPa		

转换成相对量：$S=0.0091\%$。

2.（0.1~6）MPa 量程 0.02 级活塞式压力计的重复性

选取量程为（0.1~6）MPa，准确度为 0.05% 的数字压力计在正常工作条件下，在 6MPa 受检点处直接重复测量 6 次，各次测量值如下表所示。

n	1	2	3	4	5	6
X_i(MPa)	6.001	6.001	6.001	6.000	6.001	6.002
平均值	$X_0=6.001$MPa		标准差	$S(X_i)=6.3\times10^{-4}$MPa		

转换成相对量：$S=0.010\%$。

3.（1~60）MPa 量程 0.02 级活塞式压力计的重复性

选取量程为（1~60）MPa，准确度为 0.05% 的数字压力计在正常工作条件下，在 60MPa 受检点处直接重复测量 6 次，各次测量值如下表所示：

八、计量标准的重复性(续)

n	1	2	3	4	5	6
X_i(MPa)	60.001	60.009	60.004	60.000	60.009	60.002
平均值	$X_0 = 60.004$MPa		标准差	$S(X_i) = 3.6\times10^{-3}$MPa		

转换成相对量：$S = 0.006\%$。

注：说明计量标准的重复性测试的方法；列出测量条件和所用测量仪器的名称、型号、编号；列出测量值和计算过程(可以列表说明)；给出计量标准的重复性。

九、计量标准的稳定性

选择长期稳定性好、分辨力满足要求的0.05级数字压力计作为测量设备，对0.02级活塞式压力计在每个量程段分别进行稳定性测试，在每个测量点每隔一个月考核一次，每次测量6次，用极差法计算的实验标准差作为长期稳定性的数据。测量数据如下表所示。

1. 对(0.04~0.6)MPa活塞式压力计在0.6MPa的量值点(单位：MPa)

时间	次数						
	1	2	3	4	5	6	x_n
2020.07	0.6000	0.6000	0.5999	0.6000	0.6000	0.6000	0.6000
2020.08	0.6001	0.6001	0.6000	0.6001	0.6001	0.6000	0.6001
2020.09	0.5999	0.6000	0.6000	0.6000	0.5999	0.6000	0.6000
2020.10	0.6000	0.5999	0.6000	0.6000	0.6001	0.6001	0.6000

用极差法得标准偏差：

$$S_m = \frac{x_{\max} - x_{\min}}{d_m} = \frac{0.6001 - 0.6000}{2.06} = 0.000049\text{MPa}$$

转换成相对量为：0.008%。稳定性小于计量标准的扩展不确定度，符合要求。

2. 对(0.1~6)MPa活塞式压力计在6MPa的量值点(单位：MPa)

时间	次数						
	1	2	3	4	5	6	x_n
2020.07	6.000	6.000	5.999	6.000	5.999	6.000	6.000
2020.08	6.000	6.000	6.000	6.000	5.999	6.000	6.000
2020.09	6.000	5.999	6.001	6.000	6.000	6.001	6.000
2020.10	6.001	6.001	6.000	6.001	6.001	6.000	6.001

九、计量标准的稳定性(续)

用极差法得标准偏差:

$$S_m = \frac{x_{max} - x_{min}}{d_m} = \frac{6.001 - 6.000}{2.06} = 0.00049\text{MPa}$$

转换成相对量为:0.008%。稳定性小于计量标准的扩展不确定度,符合要求。

3. 对(1~60)MPa 活塞式压力计在 60MPa 的量值点(单位:MPa)

时间	次数						
	1	2	3	4	5	6	x_n
2020.07	60.003	60.006	60.007	60.004	60.004	60.005	60.005
2020.08	60.000	60.000	60.001	59.999	60.001	60.001	60.000
2020.09	60.002	59.997	59.998	59.998	60.002	59.999	59.999
2020.10	60.005	60.004	59.999	60.003	60.002	60.004	60.003

用极差法得标准偏差:

$$S_m = \frac{x_{max} - x_{min}}{d_m} = \frac{60.005 - 59.999}{2.06} = 0.0029\text{MPa}$$

转换成相对量为:0.005%。稳定性小于计量标准的扩展不确定度,符合要求。

注 1:说明计量标准的稳定性考核方法;列出测量条件和所用测量仪器的名称、型号、编号;列出测量数据和计算过程(可以列表说明);给出计量标准的稳定性及考核结论。

注 2:不须进行稳定性考核的新建计量标准或仅由一次性使用的标准物质组成的计量标准,在栏目中说明理由。

十、计量标准的不确定度评定

1. 评定依据

JJG 59—2007《活塞式压力计检定规程》；

GJB 3756—1999《测量不确定度的表示及评定》；

JJF 1059.1—2012《测量不确定度评定与表示》。

2. 测量方法

将活塞式压力计标准与被检压力计安装在同一压力校验器上，调节好活塞系统的垂直度，根据流体静力学平衡原理及帕斯卡定律，用直接测量法进行测量。

3. 测量模型

$$P = \frac{\left[mg\left(1 - \dfrac{\rho_a}{\rho_m} \right) + \Gamma C + F_r \right]\cos\theta}{A_0\left[1 + (\alpha_P + \alpha_C)(t - 20℃) \right](1 + \lambda P)} + \rho_l g h$$

式中：m—— 砝码、活塞及连接件总质量 M（真空中的质量）；

g—— 活塞式压力计工作地点的重力加速度；

ρ_a—— 空气密度；

ρ_m—— 砝码材料密度；

θ—— 活塞轴线与重力方向的夹角；

Γ—— 流体的表面张力系数；

C—— 活塞的周长；

F_r—— 主要为活塞杆和活塞筒之间的摩擦力，表现为活塞的灵敏阈；

A_0—— 活塞组件在零压力和20℃下的有效面积；

α_P和α_C—— 活塞杆和活塞筒的线性热膨胀系数；

t—— 活塞组件温度$[1 + (\alpha_C + \alpha_P)(t - 20℃)]$项为温度变化修正项；

λ—— 压力形变系数；

P—— 工作压力$(1 + \lambda P)$项为压力形变修正项；

ρ_l—— 工作介质密度，kg/m^3；

h—— 实际使用活塞式压力计测量压力时，压力测量点至活塞参考平面的距离，m。

4. 活塞式压力计不确定度的评定

（1）重复性引入的不确定度 u_p。

使用 A 类评定，引用重复性的数据，则活塞式压力计测量重复性引入的不确定度。

十、计量标准的不确定度评定（续）

①(0.04~0.6)MPa 活塞式压力计的不确定度。

$$u_P = \sqrt{\frac{\sum_{i=1}^{n}(P'_i - \overline{P_0})^2}{n(n-1)}} = 2.23 \times 10^{-5} \text{MPa}$$

转化为相对不确定度，$u_A = \dfrac{u_P}{P} = 0.0037\%$。

②(0.1~6)MPa 活塞式压力计的不确定度。

$$u_P = \sqrt{\frac{\sum_{i=1}^{n}(P'_i - \overline{P_0})^2}{n(n-1)}} = 2.46 \times 10^{-5} \text{MPa}$$

转化为相对不确定度，$u_A = \dfrac{u_P}{P} = 0.0041\%$。

③(1~60)MPa 活塞式压力计的不确定度。

$$u_P = \sqrt{\frac{\sum_{i=1}^{n}(P'_i - \overline{P_0})^2}{n(n-1)}} = 7.2 \times 10^{-4} \text{MPa}$$

转化为相对不确定度，$u_A = \dfrac{u_P}{P} = 0.0024\%$。

（2）不确定度的 B 类评定。

①活塞有效面积引入的不确定度分量 $u_1(A_0)$。

由规程可知，0.02 级标准活塞式压力计有效面积的最大允许误差为 $\Delta_r = \pm 0.010\%$，可认为服从正态分布，包含因子为 $k = 2.58$，则相对标准不确定度为

$$u(A_0) = \frac{0.01\% \times A_0}{k}$$

压力对有效面积的灵敏系数为 $C_4(A_0) = 1/A_0$。

活塞有效面积引入的最大可能不确定度：

$u_1(A_0) = C_4(A_0) \times u(A_0) = 0.0039\%$。

②专用砝码质量 m 引入的不确定度 $u_2(m)$。

对于 0.02 级活塞式压力计，按照规程，专用砝码质量的最大允许误差为：$\pm 0.008\%$，服从均匀分布，$k = \sqrt{3}$，则其不确定度为

十、计量标准的不确定度评定(续)

$$u_2(m) = 0.008\% \div \sqrt{3} = 4.6 \times 10^{-5} = 0.0046\%。$$

③重力加速度引入的不确定度分量 $u_3(g)$ 的评定。

重力加速度由以下公式计算得到,计算得到的重力加速度的最大误差为 $\pm 0.0001 \text{m/s}^2$,服从均匀分布:

$$g_{h\phi} = \frac{9.80665 \times (1 - 0.00265 \times \cos 2\phi)}{1 + \dfrac{2h}{R}} = 9.7936 \text{m/s}^2。$$

计算得到的重力加速度的不确定度为 $u(g) = 1 \times 10^{-4}/\sqrt{3} = 5.8 \times 10^{-5}$。

压力对重力加速度的灵敏系数为 $C_2(g) = 1/g = 0.1 \text{s}^2/\text{m}$。

则由计算得到的重力加速度引入的压力不确定度为:

$$u_3(g) = C_2(g) \times u(g) = 0.00058\%。$$

④空气密度引入的不确定度分量 $u_4(\rho)$ 的评定。

对于低海拔地区,空气密度取 1.2kg/m^3,一般空气密度变化在:$\pm 0.05 \text{kg/m}^3$,服从均匀分布,则空气密度的不确定度为

$$u(\rho) = 0.05/\sqrt{3} = 2.9 \times 10^{-2} \text{kg/m}^3。$$

压力对空气密度的灵敏系数为

$$C_4(\rho_M) = 1/\rho_M = 1/7920 = 1.26 \times 10^{-4} \text{m}^3/\text{kg}。$$

则由空气密度引入的压力不确定度:

$$u_4(\rho) = C_4(\rho_a) \times u(\rho_a) = 1.26 \times 10^{-4} \text{m}^3/\text{kg} \times 2.9 \times 10^{-2} \text{kg/m}^3 = 0.00036\%。$$

⑤活塞温度引入的不确定度分量 $u_5(t)$ 的评定。

0.02级活塞式压力计使用时,活塞温度的变化范围为 $1℃$,且服从均匀分布,则温度 t 的不确定度为 $u(t) = 1/\sqrt{3} = 0.57℃$。

不锈钢活塞的线性温度膨胀系数为 $1.2 \times 10^{-5} ℃^{-1}$,则压力对温度的灵敏系数为

$$C_5(t) = \alpha_p + \alpha_c = 2.4 \times 10^{-5} ℃^{-1}。$$

由活塞温度引入的压力不确定度:

$$u_5(t) = C_5(t) \times u(t) = 0.57 \times 2.4 \times 10^{-5} ℃^{-1} = 0.0014\%。$$

⑥活塞轴线偏离垂直方向引入的不确定度分量 $u_6(\theta)$ 的评定。

按照规程,工作0.02级活塞式压力计活塞的轴线偏离垂直方向的角度应小于 $2'$,服从均匀分布,则不确定度为

$$u(\theta) = 2'/\sqrt{3} = 3.4 \times 10^{-4}。$$

十、计量标准的不确定度评定（续）

压力对活塞轴线与垂直方向的夹角 θ 的灵敏系数为

$$C_6(\theta) = \sin 2' = 5.8 \times 10^{-4}。$$

由活塞轴线偏离垂直方向引入的压力不确定度：

$$u_6(\theta) = C_6(\theta) \times u(\theta) = 3.4 \times 10^{-4} \times 5.8 \times 10^{-4} = 1.95 \times 10^{-7} \approx 0.00002\%。$$

⑦压力形变系数引入的不确定度分量 $u_7(\lambda)$ 的评定。

钢质活塞压力形变系数 λ 大约为 5×10^{-6}/MPa，碳化钨材质的活塞压力形变系数 λ 大约为 1×10^{-6}/MPa，压力形变系数不确定度可确定到 10%，假设服从均匀分布，则

　　a. (0.04~0.6)MPa 活塞式压力计由压力形变系数引入的压力不确定度为

$$u(\lambda) = \lambda = 5 \times 10^{-6}/\sqrt{3} = 2.9 \times 10^{-6} \text{MPa}^{-1}$$

活塞形变系数 λ 的灵敏系数为 $C_7(\lambda) = 0.6$MPa。

$$u_7(\lambda) = C_7(\lambda) \times u(\lambda) = 0.6 \times 2.9 \times 10^{-6} \approx 0.00017\%$$

　　b. (0.1~6)MPa 活塞式压力计由压力形变系数引入的压力不确定度：

$$u_7(\lambda) = C_7(\lambda) \times u(\lambda) = 6 \times 2.9 \times 10^{-6} \approx 0.0017\%。$$

　　c. (1~60)MPa 活塞式压力计由压力形变系数引入的压力不确定度：

$$u(\lambda) = \lambda = 1 \times 10^{-6}/\sqrt{3} = 5.8 \times 10^{-7} \text{MPa}^{-1}$$

$$u_7(\lambda) = C_7(\lambda) \times u(\lambda) = 60 \text{MPa} \times 5.8 \times 10^{-7} \approx 0.0035\%。$$

⑧介质油液表面张力系数引入的不确定度分量 $u_8(\Gamma)$ 的评定。

一般介质油的表面张力系数为 3×10^{-2}N/m，表面张力系数的不确定度为 5×10^{-3}N/m，则表面张力系数的不确定度为 $u(\Gamma) = 5 \times 10^{-3}$N/m。

压力对表面张力系数的灵敏系数为 $c_{ri}(\Gamma) = \dfrac{C}{(A \times p)}$。

　　a. (0.04~0.6)MPa 活塞式压力计由表面张力系数引入的压力不确定度。

标称面积 0.9809110cm^2 的活塞的周长 $C = 2\sqrt{\Pi A_0} = 3.51 \times 10^{-2}$m，取压力 $P = 0.6 \times 10^6$Pa，则 $c_{ri}(\Gamma) = 5.9 \times 10^{-4}$m/N，

$$u_8(\Gamma) = c_{ri}(\Gamma) \times u(\Gamma) = 5.9 \times 10^{-4} \text{m/N} \times 5 \times 10^{-3} \text{N/m} = 2.95 \times 10^{-6}。$$

　　b. (0.1~6)MPa 活塞式压力计由表面张力系数引入的压力不确定度。

标称面积 0.4903629cm^2 的活塞的周长 $C = 2\sqrt{\Pi A_0} = 2.48 \times 10^{-2}$m，取压力 $P = 6 \times 10^6$Pa，则 $c_{ri}(\Gamma) = 8.4 \times 10^{-5}$m/N，

十、计量标准的不确定度评定(续)

$$u_8(\Gamma) = c_{ri}(\Gamma) \times u(\Gamma) = 8.4 \times 10^{-5}\text{m/N} \times 2.48 \times 10^{-2}\text{N/m} = 2.1 \times 10^{-6}$$。

c. (1~60)MPa活塞式压力计由表面张力系数引入的压力不确定度。

标称面积0.0989258cm²的活塞的周长 $C = 2\sqrt{\Pi A_0} = 1.11 \times 10^{-2}\text{m}$，取压力 $P = 60 \times 10^6\text{Pa}$，则 $c_{ri}(\Gamma) = 2.63 \times 10^{-5}\text{m/N}$

$$u_8(\Gamma) = c_{ri}(\Gamma) \times u(\Gamma) = 2.63 \times 10^{-5}\text{m/N} \times 1.11 \times 10^{-2}\text{N/m} = 2.9 \times 10^{-7}$$。

⑨液柱差引入的不确定度分量 $u_9(h)$ 的评定。

a. (0.04~0.6)MPa活塞式压力计活塞位置差测量不确定度可达到5mm，服从均匀分布，则不确定度为 $u(h) = 5\text{mm}/\sqrt{3} = 2.9 \times 10^{-3}\text{m}$。

灵敏系数为

$$C_9(h) = \rho g/P = (860\text{kg/m}^3 \times 9.7986\text{m/s}^2)/6 \times 10^5\text{Pa} = 0.014\text{m}^{-1}$$。

则由液柱差引入的压力不确定度：

$$u_9(h) = C_9(h) \times u(h) = 2.9 \times 10^{-3} \times 0.014 = 0.004\%$$。

b. (0.1~6)MPa活塞式压力计进行高度差修正，其活塞位置差测量不确定度可达到10mm，服从均匀分布，则不确定度为 $u(h) = 10\text{mm}/\sqrt{3} = 5.8 \times 10^{-3}\text{m}$。

灵敏系数为 $C_9(h) = \rho g/P = (860\text{kg/m}^3 \times 9.7986\text{m/s}^2)/6 \times 10^6\text{Pa} = 0.0014\text{m}^{-1}$。

则由液柱差引入的压力不确定度：

$$u_9(h) = C_9(h) \times u(h) = 5.8 \times 10^{-3} \times 0.0014 = 0.0008\%$$。

c. (1~60)MPa活塞式压力计进行高度差修正，其活塞位置差测量不确定度可达到30mm，服从均匀分布，则不确定度为

$$u(h) = 30\text{mm}/\sqrt{3} = 1.73 \times 10^{-2}\text{m}$$。

灵敏系数为

$$C_9(h) = \rho g/P = (860\text{kg/m}^3 \times 9.7986\text{m/s}^2)/60 \times 10^6\text{Pa} = 0.00014\text{m}^{-1}$$。

则由液柱差引入的压力不确定度：

$$u_9(h) = C_9(h) \times u(h) = 1.732 \times 10^{-2} \times 0.00014 = 0.0002\%$$。

⑩活塞鉴别力引入的不确定度分量 $u_{10}(F)$ 的评定。

该活塞式压力计的鉴别力为0.05g，服从均匀分布，即：

$$u(F_r) = (5 \times 10^{-5} \times 9.7986)/\sqrt{3} = 2.83 \times 10^{-4}\text{N}$$。

a. (0.04~0.6)MPa活塞式压力计由活塞鉴别力引入的不确定度。

十、计量标准的不确定度评定(续)

鉴别力 F_r 的灵敏系数为 $C_{10}(F_r) = \dfrac{1}{A_0 \times P} = 0.017 \mathrm{N}^{-1}$,

$$u_{10}(F) = u_{10}(F_r) \times u(F_r) = 0.00045\%。$$

b. (0.1~6)MPa 活塞式压力计由活塞鉴别力引入的不确定度。

鉴别力 F_r 的灵敏系数为 $C_{10}(F_r) = \dfrac{1}{A_0 \times P} = 0.0034 \mathrm{N}^{-1}$,

$$u_{10}(F) = u_{10}(F_r) \times u(F_r) = 0.0001\%。$$

c. (1~60)MPa 活塞式压力计由活塞鉴别力引入的不确定度。

鉴别力 F_r 的灵敏系数为 $C_{10}(F_r) = \dfrac{1}{A_0 \times P} = 0.0033 \mathrm{N}^{-1}$,

$$u_{10}(F) = u_{10}(F_r) \times u(F_r) = 0.0001\%。$$

(3)标准不确定度一览表。

不确定度分量	来源	k	不确定度		
			0.6MPa	6MPa	60MPa
u_A	重复性引入不确定度	/	0.0037%	0.0041%	0.0024%
u_1	活塞有效面积	2.58	0.0039%	0.0039%	0.0039%
u_2	专用砝码	$\sqrt{3}$	0.0046%	0.0046%	0.0046%
u_3	重力加速度	$\sqrt{3}$	0.00058%	0.00058%	0.00058%
u_4	空气密度	$\sqrt{3}$	0.00036%	0.00036%	0.00036%
u_5	温度	$\sqrt{3}$	0.0014%	0.0014%	0.0014%
u_6	活塞轴线与垂直方向的夹角	$\sqrt{3}$	0.00002%	0.00002%	0.00002%
u_7	活塞压力形变系数	$\sqrt{3}$	0.00017%	0.0017%	0.0035%
u_8	表面张力	$\sqrt{3}$	0.0003%	0.0002%	0.00003%
u_9	液柱差	$\sqrt{3}$	0.004%	0.0008%	0.0002%
u_{10}	活塞的鉴别力	$\sqrt{3}$	0.00045%	0.0001%	0.0001%

十、计量标准的不确定度评定（续）

5. 合成标准不确定度 u_c

（1）（0.04~0.6）MPa 活塞式压力计合成标准不确定度为

$$u_c = \sqrt{u_A^2 + \sum_{i=1}^{n} u_i^2} = 0.0083\%。$$

（2）（0.1~6）MPa 活塞式压力计合成标准不确定度为

$$u_c = \sqrt{u_A^2 + \sum_{i=1}^{n} u_i^2} = 0.0075\%。$$

（3）（1~60）MPa 活塞式压力计合成标准不确定度为

$$u_c = \sqrt{u_A^2 + \sum_{i=1}^{n} u_i^2} = 0.0073\%。$$

6. 扩展不确定度 U

（1）（0.04~0.6）MPa 活塞式压力计对扩展不确定度为

$$U_{rel} = ku_c = 0.017\%（k = 2）。$$

（2）（0.1~6）MPa 活塞式压力计对扩展不确定度为

$$U_{rel} = ku_c = 0.015\%（k = 2）。$$

（3）（1~60）MPa 活塞式压力计对扩展不确定度为

$$U_{rel} = ku_c = 0.015\%（k = 2）。$$

注 1：列出计量标准的不确定度分析评定的详细过程。

注 2：直接用构成计量标准的测量仪器或标准物质的技术指标表述计量标准性能时，该栏目可不填。

十一、计量标准性能的验证

对本计量标准采用传递比较法进行验证，即用高一级计量标准和本计量标准测量同一个分辨力足够且稳定的数字压力计，在包含因子相同的前提下，应满足 $|y_1 - y_2| \leq \sqrt{U_1^2 + U_2^2}$。本次不确定度验证使用的验证对象是 0.05 级数字压力计，在北京长城计量测试技术研究所用 0.005 级活塞式压力计，本计量标准 0.02 级，满足被验证计量标准与高一级计量标准的测量不确定度比大于或等于 4:1，应满足 $|y_1 - y_2| \leq U$，验证结果见下表。

(0.04~0.6)MPa 量程段：

取值(MPa)	高一级标准	本标准	是否满足 $|y_1 - y_2| \leq U$
0.2	0.2000	0.2000	满足
0.6	0.6000	0.5999	满足

因此，计量标准在(0.04~0.6)MPa 量程段性能得到验证。

(0.1~6)MPa 量程段：

取值(MPa)	高一级标准	本标准	是否满足 $|y_1 - y_2| \leq U$
1	1.001	1.000	满足
6	6.001	6.003	满足

因此，计量标准在(0.1~6)MPa 量程段性能得到验证。

(1~60)MPa 量程段：

取值(MPa)	高一级标准	本标准	是否满足 $|y_1 - y_2| \leq U$
10	10.001	10.002	满足
60	60.001	60.004	满足

因此，计量标准在(1~60)MPa 量程段性能得到验证。

综上，经验证，本计量标准满足要求。

十二、测量结果的测量不确定度评定

用本标准在各个量程段分别对0.05级数字压力计和0.25级精密压力表通过比较法进行测量，并对其测量结果进行不确定度评定。

1.0.05级数字压力计测量结果的测量不确定度评定

（1）数学模型。

根据检定方法，将示值误差公式作为数学模型：

$$\Delta p = p - p_0$$

式中：Δp——数字压力计的示值误差；

p——数字压力计的示值；

p_0——活塞式压力计的标准压力值。

（2）测量不确定度来源。

①标准活塞式压力计引入的不确定度 u_0；

②被检数字压力计示值重复性引入的不确定度 u_A；

③被检数字压力计示值分辨力引入的不确定度 u_r；

④检定液位高度差引入的不确定度 u_h；

⑤环境温度变化引入的不确定度 u_t。

（3）标准不确定度评定。

对0.05级数字式压力计，分别在0.6MPa、6MPa和60MPa测量点进行检定。

①标准活塞式压力计的不确定度 u_0。

标准活塞式压力计的允许误差为±0.02%，服从正态分布，$k=2$，则：

$$u_0 = 0.02\%/2 = 0.010\%。$$

②被检数字压力计示值重复性引入的不确定度 u_A。

在每个检定点重复测量6次，即 $n=6$，使用A类评定。

0.6MPa检定点：$u_{A1} = S_1(X)/\sqrt{n} = 0.0091\%/\sqrt{6} = 0.0037\%$；

6MPa检定点：$u_{A2} = S_2(X)/\sqrt{n} = 0.010\%/\sqrt{6} = 0.0041\%$；

60MPa检定点：$u_{A3} = S_3(X)/\sqrt{n} = 0.006\%/\sqrt{6} = 0.0024\%$。

③被检数字压力计示值分辨力引入的不确定度 u_r。

数字式压力计的分辨力为显示仪表的最后一个字，服从均匀分布，$k=\sqrt{3}$，则，

0.6MPa检定点：$u_{r1} = 0.0001/0.6 \times\sqrt{3} = 0.0096\%$；

6MPa检定点：$u_{r2} = 0.001/6 \times\sqrt{3} = 0.0096\%$；

60MPa检定点：$u_{r3} = 0.001/60 \times\sqrt{3} = 0.00096\%$。

十二、测量结果的测量不确定度评定(续)

④检定液位高度差引入的不确定度 u_h。

根据检定规程，测量上限不大于 0.6MPa 时，应考虑液位高度差引起的影响。本标准装置活塞压力计的下端面与被检数字压力计测压点的高度差为 0.5cm，油液密度为 $850kg/m^3$，g 为 $9.8m/s$，服从均匀分布，$k=\sqrt{3}$，则

0.6MPa 检定点：

$u_{h1} = \rho gh/(0.6\times10^6\times\sqrt{3}) = 850\times9.8\times5\times10^{-3}/(0.6\times10^6\times\sqrt{3}) = 0.004\%$；

6MPa 检定点：

$u_{h2} = \rho gh/(6\times10^6\times\sqrt{3}) = 850\times9.8\times10\times10^{-3}/(6\times10^6\times\sqrt{3}) = 0.0008\%$；

60MPa 检定点：

$u_{h3} = \rho gh/(30\times10^6\times\sqrt{3}) = 850\times9.8\times30\times10^{-3}/(30\times10^6\times\sqrt{3}) = 0.0005\%$。

⑤环境温度变化引入的不确定度 u_t。

室温条件为 (20 ± 1)℃，没有超出数字压力计检定温度范围，温度变化引起的标准不确定度可以不考虑，即：$u_t = 0$。

⑥合成不确定度 u_c。

0.6MPa 检定点：$u_{c1} = \sqrt{u_0^2+u_{A1}^2+u_{r1}^2+u_{h1}^2+u_t^2} = 0.0144\%$；

6MPa 检定点：$u_{c2} = \sqrt{u_0^2+u_{A2}^2+u_{r2}^2+u_{h2}^2+u_t^2} = 0.0146\%$；

60MPa 检定点：$u_{c3} = \sqrt{u_0^2+u_{A3}^2+{}^2u_{r3}^2+u_{h3}^2+u_t^2} = 0.0108\%$。

⑦相对扩展不确定度。

0.6MPa 检定点：$U = ku_{c1} = 0.029\%(k=2)$；

6MPa 检定点：$U = ku_{c2} = 0.029\%(k=2)$；

60MPa 检定点：$U = ku_{c3} = 0.022\%(k=2)$。

2.0.25 级精密压力表测量结果的测量不确定度评定

(1)数学模型。

根据检定方法，将示值误差公式作为数学模型：

$$\Delta p = p - p_0$$

式中：Δp——精密压力表的示值误差；

p——精密压力表的示值；

p_0——活塞式压力计的标准压力值。

(2)测量不确定度来源。

①标准活塞式压力计引入的不确定度 u_0；

十二、测量结果的测量不确定度评定(续)

②被检精密压力表示值重复性引入的不确定度 u_A；

③被检精密压力表示值分辨力引入的不确定度 u_r；

④检定液位高度差引入的不确定度 u_h；

⑤环境温度变化引入的不确定度 u_t。

(3)标准不确定度评定。

对 0.25 级精密压力表，分别在 0.6MPa、6 MPa 和 60 MPa 测量点进行检定。

①标准活塞式压力计的不确定度 u_0。

标准活塞式压力计的允许误差为 ±0.02%，服从正态分布，$k=2$，则：

$$u_0 = 0.02\%/2 = 0.010\%。$$

②被检精密压力表示值重复性引入的不确定度 u_A。

在每个检定点重复测量 6 次，即 $n=6$，使用 A 类评定，重复性测试如下。

选取量程为 0～0.6MPa，等级为 0.25 级的精密压力表在正常工作条件下，在 0.6MPa 受检点处直接测量重复性 6 次，各次测量值如下表所示。

n	1	2	3	4	5	6
X_i (MPa)	0.6002	0.6001	0.6002	0.6003	0.6003	0.6001
平均值	$X_0 = 0.60002\mathrm{MPa}$		标准差	$S(X_i) = 8.9 \times 10^{-5}\mathrm{MPa}$		

转换成相对量：$S=0.015\%$。

选取量程为 (0.1～6) MPa，等级为 0.25 级的精密压力表在正常工作条件下，在 6MPa 受检点处直接测量重复性 6 次，各次测量值如下表所示。

n	1	2	3	4	5	6
X_i (MPa)	6.000	6.001	6.002	6.001	6.000	6.002
平均值	$X_0 = 6.001\mathrm{MPa}$		标准差	$S(X_i) = 8.9 \times 10^{-4}\mathrm{MPa}$		

转换成相对量：$S=0.015\%$。

十二、测量结果的测量不确定度评定(续)

选取量程为(1~60)MPa，等级为 0.25 级的精密压力表在正常工作条件下，在 60MPa 受检点处直接测量重复性 6 次，各次测量值如下表所示。

n	1	2	3	4	5	6
X_i(MPa)	60.001	60.022	60.004	60.019	60.005	60.002
平均值	$X_0 = 60.0088$MPa		标准差	$S(X_i) = 8.4 \times 10^{-3}$MPa		

转换成相对量：$S = 0.014\%$。

0.6MPa 检定点：$u_{A1} = S_1(X)/\sqrt{n} = 0.015\%/\sqrt{6} = 0.0061\%$；

6MPa 检定点：$u_{A2} = S_2(X)/\sqrt{n} = 0.015\%/\sqrt{6} = 0.0061\%$；

60MPa 检定点：$u_{A3} = S_3(X)/\sqrt{n} = 0.014\%/\sqrt{6} = 0.0057\%$。

③被检精密压力表示值分辨力引入的不确定度 u_r。

精密压力表的分辨力，按照最小分格的 1/10 估读，服从均匀分布，$k = \sqrt{3}$，则

0.6MPa 检定点：$u_{r1} = 0.005/10 \times 0.6 \times \sqrt{3} = 0.048\%$；

6MPa 检定点：$u_{r2} = 0.04/10 \times 6 \times \sqrt{3} = 0.038\%$；

60MPa 检定点：$u_{r3} = 0.4/10 \times 60 \times \sqrt{3} = 0.038\%$。

④检定液位高度差引入的不确定度 u_h。

根据精密压力表检定规程，测量上限不大于 0.6MPa 时，应考虑液位高度差引起的影响。本标准装置活塞压力计的下端面与被检精密压力表测压点的高度差为 0.5cm，油液密度为 850kg/m³，g 为 9.8m/s，服从均匀分布，$k = \sqrt{3}$，则

0.6MPa 检定点：

$u_{h1} = \rho g h/(0.6 \times 10^6 \times \sqrt{3}) = 850 \times 9.8 \times 5 \times 10^{-3}/(0.6 \times 10^6 \times \sqrt{3}) = 0.004\%$；

在 6MPa 和 60MPa 检定点，液位高度差影响非常小，可以不考虑，即：

$$u_{h2} = u_{h3} = 0。$$

⑤环境温度变化引入的不确定度 u_t。

室温条件为 (20±1) ℃，没有超出精密压力表检定温度范围，温度变化引起的标准不确定度可以不考虑，即 $u_t = 0$。

⑥合成不确定度 u_c。

十二、测量结果的测量不确定度评定(续)

0.6MPa 检定点：$u_{c1} = \sqrt{u_0{}^2 + u_{A1}{}^2 + u_{r1}{}^2 + u_{h1}{}^2 + u_t{}^2} = 0.0496\%$；

6MPa 检定点：$u_{c2} = \sqrt{u_0{}^2 + u_{A2}{}^2 + u_{r2}{}^2 + u_{h2}{}^2 + u_t{}^2} = 0.0398\%$；

60MPa 检定点：$u_{c3} = \sqrt{u_0{}^2 + u_{A3}{}^2 + u_{r3}{}^2 + u_{h3}{}^2 + u_t{}^2} = 0.0397\%$。

⑦相对扩展不确定度.

0.6MPa 检定点：$U = ku_c = 0.099\%\ (k=2)$；

6MPa 检定点：$U = ku_c = 0.080\%\ (k=2)$；

60MPa 检定点：$U = ku_c = 0.079\%\ (k=2)$。

注：选择典型被检定、校准对象，列出计量标准进行检定、校准所得测量结果的测量不确定度的详细评定过程。

十 三 、 结 论

　　通过对本计量标准检定证书的检查、计量标准重复性的测试、计量标准稳定性的考核、计量标准的不确定度评定、计量标准的性能验证，以及典型被检定对象测量结果测量不确定度的评定，证明本标准装置可完成其测量范围内压力的量值传递，符合相关检定规程的要求。

　　注：根据自查结果，给出计量标准是否符合标准和相关规程要求的结论。

十四、附录

序号	内　　　容	是否具备	备　注
1	技术档案目录	是	
2	计量标准证书	无	
3	计量标准考核表	是	
4	计量标准技术报告	是	
5	检定规程或校准规程等计量技术文件	是	
6	量值溯源与传递等级关系图	是	
7	检定或校准操作规程	是	
8	计量标准核查方案	是	
9	测量结果的测量不确定度评定实例	是	
10	主标准器及配套设备的说明书	是	
11	自研设备的研制报告和鉴定证书(必要时)	否	
12	计量标准历年的检定证书、校准证书	是	
13	能力测试报告和实验室间比对报告等证明校准能力的文件(适用时)	否	
14	计量标准的重复性测试记录、稳定性考核记录	是	
15	核查记录	是	
16	计量标准履历书	是	
17	计量标准更换申报表(必要时)	否	
18	计量标准封存/启封申报表(必要时)	否	
19	其他	否	

注 1：附录列出计量标准技术档案建立情况。

注 2：备注中列出该计量标准相应文件的代号或编号。

第二节　考核表编写范例

特别提示：

（1）本节内容为 0.02 级活塞式压力计标准装置的考核表。

（2）考核表实际为计量标准考核的主文件，之所以列为第二节，是因为考核表中的信息来源为建标报告中的各考核项目。

（3）考核表与建标报告中的信息须完全一致。

（4）考核表编制时，须区分新建计量标准与计量标准复审，在填写考核表时，所填信息有所区别。本书使用者须注意，考核表每一单元格均需填写，无信息的填写"/"。

（5）本例的考核表格式为现行有效版本，若考核表格式发生变化，以新版格式为准。

计量标准考核表

计量标准名称 <u>0.02级活塞式压力计标准装置</u>

计量技术机构名称 <u>　　　　　　　　　　</u>（盖章）

联　系　人 <u>　　　　　　　　　　</u>

联　系　电　话 <u>　　　　　　　　　　</u>

填　表　日　期 <u>　　　　　　　　　　</u>

××计量管理部门

一、计量标准概况

计量标准名称	0.02 级活塞式压力计标准装置						
计量标准证书号							
计量标准性能	参　数	压力	测量范围	(0.04～60) MPa	不确定度、准确度等级或最大允许误差	0.02 级	
计量标准性能	存放地点				上次复查时间		
计量标准性能	建立时间						

	名　称	型号规格	出厂编号	生产国别厂家	研制或购进时间	参数及测量范围	不确定度、准确度等级或最大允许误差	检定（校准）机构	检定（校准）证书号	备注
主标准器	活塞式压力计	ZH220-0.6		北京中航机电有限公司		(0.04～0.6) MPa	0.02 级			
主标准器	活塞式压力计	CW-60T		陕西创威科技有限公司		(0.1～6) MPa	0.02 级			
主标准器	活塞式压力计	CW-600T		陕西创威科技有限公司		(1～60) MPa	0.02 级			
配套设备	专用砝码	(0.01～0.1) MPa		北京中航机电有限公司		(0.04～0.6) MPa	±0.008%			
配套设备	专用砝码	(0.1～0.5) MPa		陕西创威科技有限公司		(0.1～6) MPa	±0.008%			
配套设备	专用砝码	(1～5) MPa		陕西创威科技有限公司		(1～60) MPa	±0.008%			

注1：只有申请计量标准复查时才填写计量标准证书号、建立时间和上次复查时间。

注2：当使用校准值时，在"不确定度、准确度等级或最大允许误差"栏填写该值的不确定度。

注3：检定证书或校准证书号为申报时有效期内的证书号。

注4：自动化或半自动化的计量标准中的计算机及测试软件作为配套设备，不必检定或校准；开发的软件标明是否经过验证。

二、开展的检定或校准项目

序号	名　称	参数及测量范围	不确定度、准确度等级或最大允许误差
1	一般压力表	(0.04～60) MPa	1.0 级及以下
2	精密压力表	(0.04～60) MPa	0.1 级及以下
3	数字压力计	(0.04～60) MPa	0.05 级及以下

三、依据的检定规程或校准规程

序号	编　号	名　　称	备　注
1	JJG 52—2013	弹性元件式一般压力表、压力真空表和真空表	
2	JJG 49—2013	弹性元件式精密压力表和真空表	
3	JJG 875—2019	数字压力计	

注：自编检定规程、校准规程应在备注栏中填写审批的机构。

四、计量标准变更情况说明

无。

五、检定人员

姓　名	职称	检定专业项目	从事该专业年限	检定员证号

注 1：栏四，仅复查时使用，填写计量标准设备、检定规程或校准规程、不确定度及人员等有关变更情况。不确定度发生变化时，说明原因。

注 2：栏五，填写至少两名从事该项目的在岗计量检定员。

六、环境条件

项目名称	要　　求	实际情况	结　　论
环境温度	(20±2)℃	(18.0~22.0)℃	符合要求
相对湿度	≤75%	30%~60%	符合要求
干扰	无影响工作的电磁干扰和机械振动	无影响工作的电磁干扰和机械振动	符合要求

七、申请单位意见

申请按期审核。

(盖章)

年　　月　　日

八、考核意见

主考员姓名	职称	主考员证书号	考核时间

九、审批意见

（盖章）

年　　月　　日

第五章　检定测微量具标准器组考核文件编写范例

第一节　建标报告编写范例

特别提示：

（1）本节为检定测微量具标准器组建标报告。

（2）搭建该计量标准可选设备型号众多，本书使用者应根据所在单位建立计量标准的实际情况加以调整。

（3）对于不同型号的设备，主标准器在测量范围、技术指标上均有变化，本书使用者在进行计量标准重复性考核、稳定性考核、测量不确定度评定、计量标准性能验证、测量结果不确定度评定时，应根据所选设备的实际指标进行计算。

（4）本例所进行的测量不确定度评定，其测量不确定度来源在不同地区、不同实验室环境下有所区别，本书使用者应根据所在单位的实际情况加以调整。

（5）建标报告编制时，须区分新建计量标准与计量标准复审，在填写建标报告时，所填信息有所区别。本书使用者需注意，在建标报告第十四项附录中，须体现出新建与复审的区别。

（6）本例的建标报告格式为现行有效版本，若建标报告格式发生变化，以新版格式为准。

计 量 标 准

建标技术报告

（版本号：第1版）

计量标准名称　　检定测微量具标准器组

计量技术机构名称　　✕✕计量室　　（盖章）

编写＿＿＿＿＿＿＿＿＿＿＿＿　＿＿＿＿年＿＿月＿＿日

审核＿＿＿＿＿＿＿＿＿＿＿＿　＿＿＿＿年＿＿月＿＿日

批准＿＿＿＿＿＿＿＿＿＿＿＿　＿＿＿＿年＿＿月＿＿日

✕✕计量管理部门

说　　明

1. 封面

（1）"版本号"：按"第1版""第2版"等的格式填写该计量标准技术报告编写或修订的版次。

（2）"计量技术机构名称"一栏填写上级主管部门正式批准的计量技术机构全称，与认可或考核的名称一致，并加盖计量技术机构公章。

（3）"编写""审核""批准"分别由该报告的编写人、审核人和批准人签字。

（4）日期一栏用阿拉伯数字书写。如：2020年10月1日。

2. 目次

目次内容的各项应列出其编号、标题及所在页码。编号一律左对齐，编号与标题之间用"、"，标题与页码之间用"……"连接，页码右对齐。如："一、建立计量标准的目的…………1。"

3. 其他栏目

其他栏目的填写说明见相应栏目的注。

4. 要求

（1）计量标准技术报告上报时，保留说明和注。

（2）计量标准技术报告采用A4幅面的纸张打印，目次内容和标题采用楷体4号，正文采用宋体4号，表格内容采用宋体5号。

目 次

一、建立计量标准的目的

测微类量具是机械制造业中常用的量具，它比卡尺精确度高，使用方便。按照用途的不同，测微类量具一般分为外径千分尺、杠杆千分尺、公法线千分尺、内径千分尺、螺纹千分尺、孔径千分尺、深度千分尺和"V"形砧千分尺等。

此标准器组的建立，保证了长度量值的传递工作，对提高科研试验任务的计量保障能力和效率具有重要的意义。

二、计量标准的组成和工作原理

1. 检定装置的组成

本计量标准主要由测微类量块组成，精度等级为4级，通过比较法进行量值测量校准。

2. 工作原理

工作原理是把长度量值从工作谱线的波长过渡到量块上，再由各种精度的量块过渡到测微类量具上，用测微量具测量机械零件和成品的尺寸。

依据的检定规程是：JJG 21—2008《千分尺检定规程》。

注1：栏一，说明建立计量标准的目的和意义，明确保障对象的种类、数量和主要技术指标。

注2：栏二，概述计量标准的组成和工作原理；简要说明主要项目的检定、校准方法（必要时，画出连接框图）；列出依据的检定规程或校准规程等计量技术文件的代号和名称，说明选择理由和适用性。

三、计量标准性能

测量范围：（5.12~100）mm。

测量不确定度：$0.2\mu m+2\times10^{-6}L(k=2.58)$。

注：说明整套计量标准的主要技术指标，包括参数、测量范围及不确定度、准确度等级或最大允许误差。

四、构成计量标准的主标准器及配套设备

	名称	型号规格	出厂编号	生产国别厂家	研制或购进时间	测量范围	不确定度、准确度等级或最大允许误差	检定（校准）机构	检定（校准）时间	检定（校准）证书号
主标准器	量块	20块		哈尔滨量具厂		(5.12～100) mm	4 等	××所		
	量块	20块		哈尔滨量具厂		(5.12～100) mm	4 等	××所		
	1级平面平晶	φ30mm		上海		φ30mm	MPE：0.03μm	××所		
	刀口尺	75mm		北量		75mm	MPE：1.0μm	××所		
配套设备	平行平晶	I系列		上海		—	平行度 MPE：0.6μm	××所		
	平行平晶	II系列		上海		—	平行度 MPE：0.8μm	××所		
	平行平晶	III系列		上海		—	平行度 MPE：0.8μm	××所		
	平行平晶	IV系列		上海		—	平行度 MPE：1.0μm	××所		
	数字式测力仪	(0～14) N		深圳中图科技有限公司		(0～14)N	MPE：±2.0%	××所		

注1：当使用校准值时，在"测量不确定度、准确度等级或最大允许误差"栏填写该值的测量不确定度。

注2：检定证书或校准证书号为申报时有效期内的证书号。

注3：自动化或半自动化的计量标准中的计算机及测试软件为配套设备，不必检定或校准；开发的软件标明是否经过验证，在"检定（校准）时间"栏内填写验证时间。

五、量值溯源与传递等级关系图

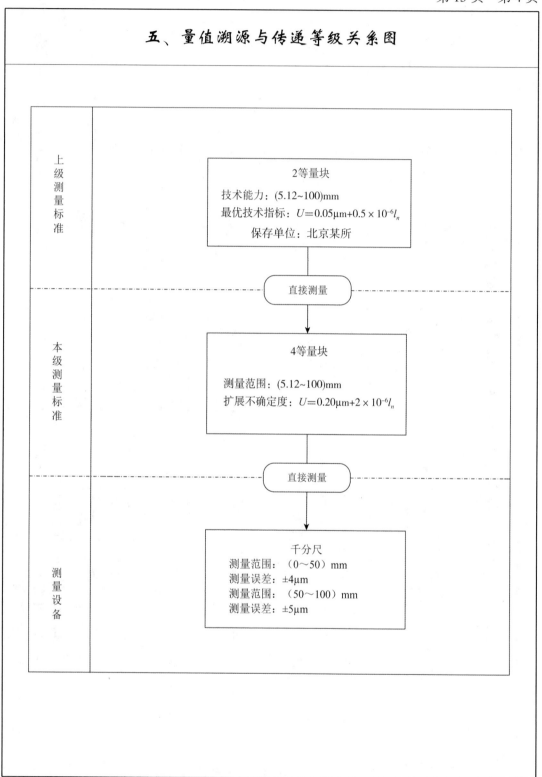

上级测量标准

2等量块

技术能力：(5.12~100)mm

最优技术指标：$U=0.05\mu m+0.5\times10^{-6}l_n$

保存单位：北京某所

直接测量

本级测量标准

4等量块

测量范围：(5.12~100)mm

扩展不确定度：$U=0.20\mu m+2\times10^{-6}l_n$

直接测量

测量设备

千分尺

测量范围：（0～50）mm

测量误差：±4μm

测量范围：（50～100）mm

测量误差：±5μm

六、检定人员

姓名	技术职称	检定专业项目	从事该专业年限	检定员证号

七、环境条件

项目名称	要求	实际情况
环境温度	(20±5)℃	(17.0~23.0)℃
相对湿度	≤75%RH	35%~65%RH

注1：栏六，填写至少两名从事该项目的在岗计量检定员。

注2：栏七，逐项说明影响检定、校准结果的主要环境影响量(如温度、湿度、电源电压和频率等)的具体要求和实际情况。"实际情况"应填写计量标准工作环境的实际范围。

八、计量标准的重复性

在重复性测量条件下，用计量标准重复测量被选择的测量仪器 6 次，用所得测量值的实验标准偏差 $s(x)$ 来定量表征。

$$s(x) = \sqrt{\frac{1}{n-1}\sum_{i=1}^{n}(x_i - \bar{x})^2}$$

式中：n——重复测量次数；

x_i——第 i 次测量值；

$\bar{x}$——n 次测量值的算术平均值。

选取量程为 $(0\sim25)/0.01\text{mm}$，编号为 83576 的千分尺及量程 $75\sim100\text{mm}$，编号为 104425 的外径千分尺，在标准器组正常工作条件下，对受检点 5.12mm、100mm 处直接重复测量 10 次，各次测量值如下表所示：

序号	测量误差 $x_i(\mu\text{m})$		$u = x_i - \bar{x}(\mu\text{m})$	
	5.12mm	100mm	5.12mm	100mm
1	0	0	-0.1	-0.2
2	0	0	-0.1	-0.2
3	0	1	-0.1	0.8
4	0	1	-0.1	0.8
5	0	0	-0.1	-0.2
6	0	0	-0.1	-0.2
7	1	0	0.9	-0.2
8	0	0	-0.1	-0.2
9	0	0	-0.1	-0.2
10	0	0	-0.1	-0.2
$\bar{x}$	0.1	0.2	0	0

根据以上结果，5.12mm 处：

$$s(x) = \sqrt{\frac{1}{n-1}\sum_{i=1}^{n}(x_i - \bar{x})^2} = 0.32\mu\text{m} \leqslant \frac{2}{3}u_c$$

100mm 处：

$$s(x) = \sqrt{\frac{1}{n-1}\sum_{i=1}^{n}(x_i - \bar{x})^2} = 0.42\mu\text{m} \leqslant \frac{2}{3}u_c$$

注：说明计量标准重复性测试的方法；列出测量条件和所用测量仪器的名称、型号、编号；列出测量值和计算过程(可以列表说明)；给出计量标准的重复性。

九、计量标准的稳定性

每隔一个月进行一次核查，在短时间内用计量标准重复测量被测对象6次，取6个测量值的算术平均值作为该组的测量结果，共测量4组。测量结果的实验标准偏差$s(x)$按贝塞尔计算：

$$s(x) = \sqrt{\frac{1}{m-1}\sum_{n=1}^{m}(\bar{x}_n - \bar{\bar{x}})^2}$$

式中：m ——核查次数；

$\quad\quad\bar{x}_n$ ——第n次核查数据的算术平均值；

$\quad\quad\bar{\bar{x}}$ —— m组算术平均值的平均值。

选取量程为$(0\sim25)/0.01$mm，编号为83576的千分尺及量程为$75\sim100$mm，编号为104425的外径千分尺，在标准器组正常工作条件下，每隔一个月对受检点5.12mm、100mm处直接重复测量6次，各次测量值如下表所示（单位：μm）。

标称值		1	2	3	4	5	6	7	8	9	10	$\bar{x}_n$
5.12mm	1	0	0	0	0	0	1	0	0	0	0	0.1
	2	0	0	0	0	0	0	0	0	1	0	0.1
	3	0	0	0	1	0	1	0	0	0	0	0.2
	4	0	0	0	0	0	0	1	0	0	0	0.1
100mm	1	0	0	1	1	0	0	0	0	0	0	0.2
	2	0	0	0	0	0	0	0	0	0	1	0.1
	3	0	0	0	0	0	0	1	0	0	0	0.1
	4	0	0	0	0	1	0	0	1	0	0	0.2

根据以上结果，5.12mm处：

$$s(x) = \sqrt{\frac{1}{m-1}\sum_{n=1}^{m}(\bar{x}_n - \bar{\bar{x}})^2} = 0.063\mu m \leqslant u_c$$

100mm处：

$$s(x) = \sqrt{\frac{1}{m-1}\sum_{n=1}^{m}(\bar{x}_n - \bar{\bar{x}})^2} = 0.057\mu m \leqslant u_c$$

注1：说明计量标准的稳定性考核方法；列出测量条件和所用测量仪器的名称、型号、编号；列出测量数据和计算过程（可以列表说明）；给出计量标准的稳定性及考核结论。

注2：不需进行稳定性考核的新建计量标准或仅由一次性使用的标准物质组成的计量标准，在栏目中说明理由。

十、计量标准的不确定度评定

测量范围：（5.12~100）mm。

测量不确定度：$0.2\mu m + 0.2 \times 10^{-6} L(k = 2.58)$。

注 1：列出计量标准的不确定度分析评定的详细过程。

注 2：直接用构成计量标准的测量仪器或标准物质的技术指标表述计量标准性能时，该栏目可不填。

十一、计量标准性能的验证

计量标准所有的不确定度验证均采用传递比较法进行。即用高一级计量标准和被验证计量标准测量同一个分辨力足够且稳定的被测对象，在包含因子相同的前提下，且当被验证计量标准与高一级计量标准的测量不确定度比大于或等于4：1时，应满足下式：

$$|y-y_0| \leq U$$

式中：y——被验证计量标准给出的测量结果；

y_0——高一级计量标准给出的测量结果；

U——被验证计量标准的扩展不确定度。

高一级计量标准测量数据引用资料来自上级计量技术机构出具的检定证书，被验证计量标准测量数据引用自最近一次核查数据。

选定量程为(0～25)/0.01mm，编号为83576的千分尺及量程为75～100mm，编号为104425的外径千分尺，送上级计量测试中心检定后用本标准器组检定得如下数据。

受检点	上级检定结果(μm)	本标准检定结果(μm)	对比结果(μm)
5.12	0	0	0
10.24	0	0	0
25	+1	+1	0
100	+2	+2	0

根据以上结果可知，误差结果小于U，此标准器组总的不确定度得到验证。用公式判断，无扩展不确定度。

注：列出计量标准性能验证的方法、验证的数据及验证的结论。

十二、测量结果的测量不确定度评定

1. 测量方法

根据 JJG 21—2008《千分尺检定规程》，分度值为 0.01mm 的千分尺示值误差的检定是在规定条件下用四等量块进行的。下面对（0～25）mm，编号为 83576 的千分尺和（75～100）mm，编号为 104425 的外径千分尺的测量上限点示值误差，进行检定结果的测量不确定度分析。

2. 数学模型

千分尺的示值误差 e：

$$e = L_m - L_b + L_m \cdot \alpha_m \cdot \Delta t_m - L_b \cdot \alpha_b \cdot \Delta t_b$$

式中：L_m ——千分尺的示值（20℃条件下）；

L_b ——量块的长度值（20℃条件下）；

α_m 和 α_b ——千分尺和量块的线胀系数；

Δt_m 和 Δt_b ——千分尺的量块偏离参考温度 20℃的数值。

3. 方差和灵敏度系数

为简化运算，舍去微小量，并转化相关项影响。

令：$L \approx L_m \approx L_b$ $\alpha \approx \alpha_m \approx \alpha_b$ $\Delta t \approx \Delta t_m \approx \Delta t_b$，

$$\delta\alpha = \alpha_m - \alpha_b \quad \delta t = \Delta t_m - \Delta t_b。$$

经整理得：

$$e = L_m - L_b + L \cdot \Delta t \cdot \delta\alpha - L \cdot \alpha \cdot \delta t。$$

灵敏系数 c_i：

$$c_1 = \partial e / \partial L_m = 1; \quad c_2 = \partial e / \partial L_b = -1;$$

$$c_3 = \partial e / \partial \delta\alpha = L \cdot \Delta t; \quad c_4 = \partial e / \partial \delta t = L \cdot \alpha。$$

依据不确定度传播律公式，输出量 e 估计值的方差为：

$$u_c^2 = u^2(e) = c_1^2 \cdot u_1^2 + c_2^2 \cdot u_2^2 + c_3^2 \cdot u_3^2 + c_4^2 \cdot u_4^2$$

$$= u_1^2 + u_2^2 + (L \cdot \Delta t)^2 \cdot u_3^2 + (L \cdot \alpha)^2 \cdot u_4^2。$$

4. 标准不确定度一览表

十二、测量结果的测量不确定度评定(续)

$L = 5.12\text{mm}$

标准不确定度 $u(x_i)$	不确定度来源	标准不确定度值 $u(x_i)$	$c_i = \partial f / \partial x_i$	$\lvert c_i \rvert \times u(x_i)(\mu\text{m})$
u_1	估读误差	$0.577\mu\text{m}$	1	0.577
u_2	检定用量块	$0.08\mu\text{m}$	1	0.10
u_{21}	对零量块	$0.00\mu\text{m}$		
u_{22}	读数量块	$0.10\mu\text{m}$		
u_3	千分尺和量块的线胀系数差	$0.816\times10^{-6}\text{℃}^{-1}$	$L \cdot \Delta t = 0.005\times10^6 \times 4\text{℃} \cdot \mu\text{m}$	0.102
u_4	千分尺和量块的温度差	0.173℃	$L \cdot \alpha = 0.005\times11.5\mu\text{m}/\text{℃}$	0.050
$u_c = 1.1\mu\text{m}$				

$L = 100\text{mm}$

标准不确定度 $u(x_i)$	不确定度来源	标准不确定度值 $u(x_i)$	$c_i = \partial f / \partial x_i$	$\lvert c_i \rvert \times u(x_i)(\mu\text{m})$
u_1	估读误差	$0.577\mu\text{m}$	1	0.577
u_2	检定用量块	$0.20\mu\text{m}$	1	0.10
u_{21}	对零量块	$0.14\mu\text{m}$		
u_{22}	读数量块	$0.16\mu\text{m}$		
u_3	千分尺和量块的线胀系数差	$0.816\times10^{-6}\text{℃}^{-1}$	$L \cdot \Delta t = 0.10\times10^6 \times 4\text{℃} \cdot \mu\text{m}$	0.408
u_4	千分尺和量块的温度差	0.173℃	$L \cdot \alpha = 0.10\times11.5\mu\text{m}/\text{℃}$	0.199
$u_c = 1.5\mu\text{m}$				

十二、测量结果的测量不确定度评定（续）

5. 标准不确定度计算

（1）估读误差引入的不确定度 u_1。

千分尺的最大估读误差为 ±1μm，服从均匀分布，$k=\sqrt{3}$：

$$u_1 = \frac{1}{\sqrt{3}} = 0.577\mu m。$$

（2）检定用量块的测量不确定度 u_2。

四等量块的测量不确定度为 $U=0.2\mu m + 2\times10^{-6}L$，$k=2.58$。

①对零量块的不确定分量 u_{21}。

千分尺测量点 $L=5.12mm$ 时：

被检千分尺下限为零，不用对零量块，则

$$u_{21} = 0.00\mu m。$$

千分尺测量点 $L=100mm$ 时：

以 75mm 量块对零，不确定度为 0.35μm，$k=2.58$，则

$$u_{21} = \frac{0.35\mu m}{2.58} = 0.14\mu m。$$

②读数用量块不确定度分量 u_{22}。

千分尺测量点 $L=5.12mm$ 时：

检定点用 5.12mm 量块的不确定度为 0.21μm，$k=2.58$，则

$$u_{22} = \frac{0.21\mu m}{2.58} = 0.08\mu m。$$

千分尺测量上限 $L=100mm$ 时：

检定点用 100mm 量块的不确定度为 0.4μm，$k=2.58$，则

$$u_{22} = \frac{0.4\mu m}{2.58} = 0.16\mu m。$$

以上两项合成：

$L=5.12mm$ 时，

$$u_2 = \sqrt{u_{21}^2 + u_{22}^2} = 0.08\mu m；$$

$L=100mm$ 时，

$$u_2 = \sqrt{u_{21}^2 + u_{22}^2} = 0.20\mu m。$$

（3）千分尺和量块间线胀系数差给出的不确定度 u_3。

取千分尺和量块线胀系数均为 $\alpha=(11.5\pm1)\times10^{-6}℃^{-1}$，线胀系数差 $\delta\alpha$ 的界限为 $\pm2\times10^{-6}℃^{-1}$，服从三角分布，$k=\sqrt{6}$，则

十二、测量结果的测量不确定度评定（续）

$$u_3 = 2 \times 10^{-6} \, ℃^{-1} / \sqrt{6} = 0.816 \times 10^{-6} \, ℃^{-1}。$$

（4）千分尺和量块间的温度差给出的不确定度 u_4。

千分尺和量块间有一定的温度差存在，并以等概率落于区间（$-0.3 \sim +0.3$）℃内，$k = \sqrt{3}$，则

$$u_4 = 0.3 \, ℃ / \sqrt{3} = 0.173 \, ℃。$$

6. 合成标准不确定度

检定测量范围不超过 100mm 千分尺时，规程要求温度允许偏差 $\Delta t = \pm 5℃$；线胀系数取 $\alpha = 11.5 \times 10^{-6} \, ℃^{-1}$。

$L = 5.12mm = 0.005 \times 10^6 \, \mu m$ 时：

$$
\begin{aligned}
u_c^2 &= u_1^2 + u_2^2 + (L \cdot \Delta t)^2 \cdot u_3^2 + (L \cdot \alpha)^2 \cdot u_4^2 \\
&= (0.577 \mu m)^2 + (0.10 \mu m)^2 + (0.005 \times 10^6 \, \mu m \times 5℃ \times 0.816 \\
&\quad \times 10^{-6} \, ℃^{-1})^2 + (0.005 \times 10^6 \, \mu m \times 11.5 \times 10^{-6} \, ℃^{-1} \times 0.173℃)^2 \\
&= 0.353 \mu m^2
\end{aligned}
$$

$$u_c = 0.59 \mu m。$$

$L = 100mm = 0.10 \times 10^6 \, \mu m$ 时：

$$
\begin{aligned}
u_c^2 &= u_1^2 + u_2^2 + (L \cdot \Delta t)^2 \cdot u_3^2 + (L \cdot \alpha)^2 \cdot u_4^2 \\
&= (0.577 \mu m)^2 + (0.20 \mu m)^2 + (0.10 \times 10^6 \, \mu m \times 5℃ \times 0.816 \\
&\quad \times 10^{-6} \, ℃^{-1})^2 + (0.10 \times 10^6 \, \mu m \times 11.5 \times 10^{-6} \, ℃^{-1} \times 0.173℃)^2 \\
&= 0.579 \mu m^2
\end{aligned}
$$

$$u_c = 0.76 \mu m。$$

7. 扩展不确定度

取置信因子 $k = 2$。

$L = 5.12mm$ 时：

$$U = k \times u_c = 2 \times 0.59 \mu m = 1.1 \mu m。$$

$L = 100mm$ 时：

$$U = k \times u_c = 2 \times 0.76 \mu m = 1.5 \mu m。$$

只检定测微头时，按 0～25mm 千分尺示值误差的扩展不确定度计算。

经分析，检定千分尺示值误差的扩展不确定度与最大允许误差的绝对值之比基本满足三分之一关系，可以开展检定。

注：选择典型被检定、校准对象，列出计量标准进行检定、校准所得测量结果的测量不确定度的详细评定过程。

十三、结论

通过对本计量标准证书有效期内历年检定证书检查、计量标准重复性测试、计量标准稳定性考核、计量标准的不确定度评定、计量标准的性能验证及典型被检定对象测量结果测量不确定度的评定，证明本标准器组可完成量值传递范围内的测微类量具的检定，符合相关检定规程的要求。

注：根据自查结果，给出计量标准是否符合标准和相关规程要求的结论。

十四、附　录

序号	内　容	是否具备	备　注
1	技术档案目录	是	
2	计量标准证书	否	
3	计量标准考核表	是	
4	计量标准技术报告	是	
5	检定规程或校准规程等计量技术文件	是	
6	量值溯源与传递等级关系图	是	
7	检定或校准操作规程	是	
8	计量标准核查方案	是	
9	测量结果的测量不确定度评定实例	是	
10	主标准器及配套设备的说明书	是	
11	自研设备的研制报告和鉴定证书(必要时)	否	
12	计量标准历年的检定证书、校准证书	是	
13	能力测试报告和实验室间比对报告等证明校准能力的文件(适用时)	否	
14	计量标准的重复性测试记录、稳定性考核记录	是	
15	核查记录	是	
16	计量标准履历书	是	
17	计量标准更换申报表(必要时)	否	
18	计量标准封存/启封申报表(必要时)	否	
19	其他	否	

注 1：附录列出计量标准技术档案建立情况。

注 2：备注中列出该计量标准相应文件的代号。

第二节　考核表编写范例

特别提示：

（1）本节内容为检定测微量具标准器考核表。

（2）考核表实际为计量标准考核的主文件，之所以列为第二节，是因为考核表中信息来源为建标报告中的各考核项目。

（3）考核表与建标报告中的信息须完全一致。

（4）考核表编制时，须区分新建计量标准与计量标准复审，在填写考核表时，所填信息有所区别。本书使用者须注意，考核表每一单元格都需要填写，无信息的填写"/"。

（5）本例的考核表格式为现行有效版本，若考核表格式发生变化，以新版格式为准。

计量标准考核表

计量标准名称　　<u>检定测微量具标准器组</u>

计量技术机构名称　　<u>　　　　　　　　　</u>（盖章）

联　　系　　人　<u>　　　　　　　　　　</u>

联　系　电　话　<u>　　　　　　　　　　</u>

填　表　日　期　<u>　　　　　　　　　　</u>

××计量管理部门

一、计量标准概况

计量标准名称	检定测微量具标准器组			
计量标准证书号	/			
计量标准性能	万能量具	测量范围 0~100mm	不确定度、准确度等级或最大允许误差	$L=25\text{mm}$; $U=1.2\mu\text{m}$, $k=2$; $L=100\text{mm}$; $U=1.5\mu\text{m}$, $k=2$
存放地点	/	建立时间 /	上次复查时间 /	

	名称	型号规格	生产国别厂家	出厂编号	研制或购进时间	参数及测量范围	不确定度、准确度等级或最大允许误差	检定(校准)机构	检定(校准)证书号	备注
主标准器	量块	20块	哈尔滨滨量具厂			(5.12~100) mm	4等			
	量块	20块	哈尔滨滨量具厂			(5.12~100) mm	4等			
	1级平面平晶	φ30mm	上海			φ30mm	MPE: 0.03μm			
	刀口尺	75mm	北量			75mm	MPE: 1.0μm			
配套设备	平行平晶	I系列	上海			/	平行度 MPE: 0.6μm			
	平行平晶	II系列	上海			/	平行度 MPE: 0.8μm			
	平行平晶	III系列	上海			/	平行度 MPE: 0.8μm			
	平行平晶	IV系列	上海			/	平行度 MPE: 1.0μm			
	数字式测力仪	(0~14)N	深圳中图科技有限公司			(0~14)N	MPE: ±2.0%			

注 1：只有申请计量标准复查时才填写计量标准证书号、建立时间和上次复查时间。

注 2：当使用用校准值时，在"不确定度、准确度等级或最大允许误差"栏填写该值的不确定度。

注 3：检定证书或校准证书号为申报时有效期内的证书号。

注 4：自动化或半自动化的计量标准中的计算机及测试软件为配套设备，不必检定或校准；开发的软件标明是否经过验证。

二、开展的检定或校准项目

序号	名　称	参数及测量范围	不确定度、准确度等级或最大允许误差
1	千分尺	(0～50) mm	MPE：±4μm
		(50～100) mm	MPE：±5μm

三、依据的检定规程或校准规程

序号	名　　称	编　号	备　注
1	千分尺检定规程	JJG 21—2008	

注：自编检定规程、校准规程应在备注栏中填写审批的机构。

四、计量标准变更情况说明

无。

五、检定人员

姓　名	技术职称	检定专业项目	从事该专业年限	检定员证号

注1：栏四，仅复查时使用，填写计量标准设备、检定规程或校准规程、不确定度及人员等有关变更情况。不确定度发生变化时，说明原因。

注2：栏五，填写至少两名从事该项目在岗的检定人员。

六、环境条件

项目名称	要　　求	实际情况	结　　论
温　　度	(20±5)℃	(17.0~23.0)℃	符合要求
相对湿度	<75%RH	35%~65%RH	符合要求

七、申请单位意见

申请按期审核。

（盖章）

年　　月　　日

八、考核意见

考评员姓名	职称	考评员证书号	考核时间

九、审批意见

（盖章）

年　　月　　日

第六章　检定通用卡尺量具标准器组
考核文件编写范例

第一节　建标报告编写范例

特别提示：

(1)本节为检定通用卡尺量具标准器组建标报告。

(2)搭建该计量标准可选设备型号众多，本书使用者应根据所在单位建立计量标准的实际情况加以调整。

(3)对于不同型号的设备，主标准器在测量范围、技术指标上均有变化，本书使用者在进行计量标准重复性考核、稳定性考核、测量不确定度评定、计量标准性能验证、测量结果不确定度评定时，应根据所选设备的实际指标进行计算。

(4)本例所进行的测量不确定度评定，其测量不确定度来源在不同地区、不同实验室环境下有所区别，本书使用者应根据所在单位的实际情况加以调整。

(5)建标报告编制时，须区分新建计量标准与计量标准复审，在填写建标报告时，所填信息有所区别。本书使用者须注意，在建标报告第十四项附录中，须体现出新建与复审的区别。

(6)本例的建标报告格式为现行有效版本，若建标报告格式发生变化，以新版格式为准。

计量标准技术报告

（版本号：第1版）

计量标准名称　　检定通用卡尺量具标准器组

计量技术机构名称　　　计量室　　　（盖章）

编写　　　　　　　　　　　　年　月　日
审核　　　　　　　　　　　　年　月　日
批准　　　　　　　　　　　　年　月　日

××计量管理部门

说　明

1. 封面

(1)"版本号"：按"第 1 版""第 2 版"等的格式填写该计量标准技术报告编写或修订的版次。

(2)"计量技术机构名称"一栏填写上级主管部门正式批准的计量技术机构全称，与认可或考核的名称一致，并加盖计量技术机构公章。

(3)"编写""审核""批准"分别由该报告的编写人、审核人和批准人签字。

(4)日期一栏用阿拉伯数字书写。如：2020 年 10 月 1 日。

2. 目次

目次内容的各项应列出其编号、标题及所在页码。编号一律左对齐，编号与标题之间用"、"，标题与页码之间用"……"连接，页码右对齐。如："一、建立计量标准的目的…………1"。

3. 其他栏目

其他栏目的填写说明见相应栏目的注。

4. 要求

(1)计量标准技术报告上报时，保留说明和注。

(2)计量标准技术报告采用 A4 幅面的纸张打印，目次内容和标题采用楷体 4 号，正文采用宋体 4 号，表格内容采用宋体 5 号。

目　　次

一、建立计量标准的目的

　　通用量具系指在机械加工过程中，车间工人和检验人员在现场应用的计量器具。利用游标尺和主尺相互配合进行测量和读数的量具，称为游标量具，主要包括游标卡尺、深度游标卡尺、高度游标卡尺、电子数显卡尺、圆标高度卡尺和数显测高仪等。它的结构简单，使用方便，维护保养容易，在机械加工中应用广泛。

　　此标准器组的建立，保证了计量室在长度量值方面的传递工作，具有重要意义。

二、计量标准的组成和工作原理

　　1. 检定装置的组成

　　主要是以 5 等量块为标准，以比较法对游标类量具进行校准。

　　2. 工作原理

　　主要是以 5 等量块为标准，以比较法对游标类量具进行校准。依据的检定规程是：JJG 30—2012《通用卡尺检定规程》。

　　注 1：栏一，说明建立计量标准的目的和意义，明确保障对象的种类、数量和主要技术指标。

　　注 2：栏二，概述计量标准的组成和工作原理；简要说明主要项目的检定、校准方法（必要时，画出连接框图）；列出依据的检定规程或校准规程等计量技术文件的代号和名称，说明选择的理由和适用性。

三、计量标准性能

测量范围：$(0\sim300)\,$mm。

测量不确定度：$0.5\mu m+5\times10^{-6}L(k=2.58)$。

注：说明整套计量标准的主要技术指标，包括参数、测量范围及不确定度、准确度等级或最大允许误差。

四、构成计量标准的主标准器及配套设备

	名称	型号规格	出厂编号	生产国别厂家	研制或购进时间	测量范围	不确定度、准确度等级或最大允许误差	检定（校准）机构	检定（校准）时间	检定（校准）证书号
主标准器	量块	12块	28443	成量	1993.07	(10~291.8)mm	5等	××所	2020.09	JD2a2020-09-8301
	量块	12块	003	成量	1993.07	(10~291.8)mm	5等	××所	2020.07	GFJGJL100 1200704102
	1级平面平晶	φ30mm	89650	上海机械研究所	1993.07	φ30mm	MPE: 0.03μm	102所	2020.09	JD2a2020-09-8297
配套设备	千分尺	(0~25)mm/0.01mm	83576	成量	1993.07	(0~25)mm	MPE: ±4μm	304所	2020.07	GFJGJL1001 200704103
	刀口形直尺	75mm	22277	北量	1993.07	(0~75)mm	MPE: 1μm	102所	2020.07	GFJGJL1003 200740045
	刀口形直尺	225mm	00312	北量	1993.07	(0~225)mm	MPE: 2μm	102所	2020.09	GFJGJL1003 200723138
	表面粗糙度比较样块	32块	1819	哈具	2020.09	Ra: (0.1~6.3)μm	MPE: +12%~-17%	102所	2020.09	GFJGJL1003 200920991

注1：当使用校准值时，在"测量不确定度，准确度等级或最大允许误差"栏填写该值的测量不确定度。

注2：检定证书或校准证书号为申报校准时有效期内的证书号。

注3：自动化或半自动化的计量标准中的计算机及测试软件为配套设备，不必检定或校准，开发的软件标明是否经过验证，在"检定（校准）时间"栏内填写验证时间。

五、量值溯源与传递等级关系图

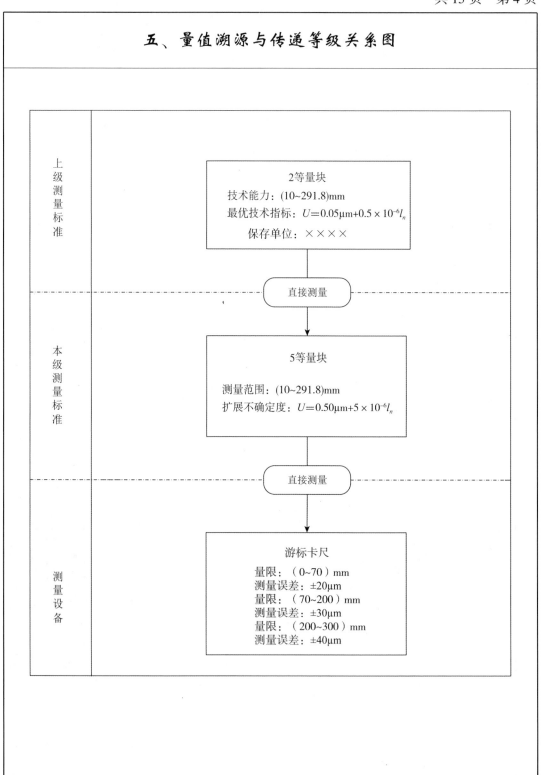

六、检定人员

姓　名	技术职称	检定 专业项目	从事 该专业年限	检定员证号
×××	工程师	万能量具	××年	WHB2020001
×××	助理工程师	万能量具	××年	WHB2020003
×××	助理工程师	万能量具	××年	WHB2020002

七、环境条件

项目名称	要求	实际情况
环境温度	(20±5)℃	(17~23)℃
相对湿度	≤80%RH	35%~65%RH

注1：栏六，至少填写两名从事该项目的在岗计量检定员。

注2：栏七，逐项说明影响检定、校准结果的主要环境影响量(如温度、湿度、电源电压和频率等)的具体要求和实际情况。"实际情况"应填写计量标准工作环境的实际范围。

八、计量标准的重复性

在重复性测量条件下，用计量标准重复测量被选择的测量仪器 6 次，用所得测量值的实验标准偏差 $s(x)$ 来定量表征。

$$s(x) = \sqrt{\frac{1}{n-1} \sum_{i=1}^{n} (x_i - \bar{x})^2}$$

式中：n ——重复测量次数；

x_i ——第 i 次测量值；

$\bar{x}$ —— n 次测量值的算术平均值。

选择量限为 $(0 \sim 300)$mm、编号为 19121589 的电子数显卡尺，在标准器组正常工作条件下，对受检点 10mm 和 291.8mm 处分别等精度直接重复测量 10 次，各次测量值如下表所示：

序号	测量误差 x_i(mm)		$u = x_i - \bar{x}$(mm)	
	10mm	291.8mm	10mm	291.8mm
1	0.00	0.00	0.00	0.00
2	0.00	0.00	0.00	0.00
3	0.00	0.00	0.00	0.00
4	0.00	0.00	0.00	0.00
5	0.00	0.00	0.00	0.00
6	0.00	0.00	0.00	0.00
7	0.00	0.00	0.00	0.00
8	0.00	0.00	0.00	0.00
9	0.00	0.00	0.00	0.00
10	0.00	0.00	0.00	0.00
$\bar{x}$	0.00	0.00	0.00	0.00

根据以上结果，10mm 处：

$$s(x) = \sqrt{\frac{1}{n-1} \sum_{i=1}^{n} (x_i - \bar{x})^2} = 0.00\text{mm} \leqslant \frac{2}{3} u_c;$$

291.8mm 处：

$$s(x) = \sqrt{\frac{1}{n-1} \sum_{i=1}^{n} (x_i - \bar{x})^2} = 0.00\text{mm} \leqslant \frac{2}{3} u_c。$$

注：说明计量标准的重复性测试的方法；列出测量条件和所用测量仪器的名称、型号、编号；列出测量值和计算过程（可以列表说明）；给出计量标准的重复性。

九、计量标准的稳定性

每隔一个月进行一次核查，在短时间内用计量标准重复测量被测对象 6 次，取 6 个测量值的算术平均值作为该组的测量结果，共测量 4 组。测量结果的实验标准偏差 $s(x)$ 按贝塞尔计算：

$$s(x) = \sqrt{\frac{1}{m-1} \sum_{n=1}^{m} (\bar{x}_n - \bar{\bar{x}})^2}$$

式中：m ——核查次数；

$\bar{x}_n$ ——第 n 次核查数据的算术平均值；

$\bar{\bar{x}}$ —— m 组算术平均值的平均值。

选择量限为（0~300）mm、编号为 19121589 的电子数显卡尺，在标准器组正常工作条件下，每隔一个月对受检点 10mm、291.8mm 处直接重复测量 10 次，各次测量值如下表所示（单位：mm）：

		1	2	3	4	5	6	7	8	9	10	$\bar{x}_n$
10mm	1	0.00	0.00	0.00	0.00	0.00	0.00	0.00	0.00	0.00	0.00	0.000
	2	0.00	0.00	0.00	0.00	0.00	0.00	0.00	0.00	0.00	0.00	0.000
	3	0.00	0.00	0.00	0.00	0.00	0.00	0.00	0.00	0.00	0.00	0.000
	4	0.00	0.00	0.00	0.00	0.00	0.00	0.00	0.00	0.00	0.00	0.000
291.8mm	1	0.00	0.00	0.00	0.00	0.00	0.00	0.00	0.00	0.00	0.00	0.000
	2	0.00	0.00	0.00	0.00	0.00	0.02	0.00	0.00	0.00	0.00	0.002
	3	0.00	0.00	0.00	0.00	0.00	0.00	0.00	0.00	0.00	0.02	0.002
	4	0.00	0.00	0.00	0.00	0.00	0.02	0.00	0.00	0.00	0.00	0.002

根据以上结果，10mm 处：

$$s(x) = \sqrt{\frac{1}{m-1} \sum_{n=1}^{m} (\bar{x}_n - \bar{\bar{x}})^2} = 0\text{mm} \leqslant u_c;$$

291.8mm 处：

$$s(x) = \sqrt{\frac{1}{m-1} \sum_{n=1}^{m} (\bar{x}_n - \bar{\bar{x}})^2} = 0.0012\text{mm} \leqslant u_c。$$

注 1：说明计量标准的稳定性考核方法；列出测量条件和所用测量仪器的名称、型号、编号；列出测量数据和计算过程（可以列表说明）；给出计量标准的稳定性及考核结论。

注 2：不需进行稳定性考核的新建计量标准或仅由一次性使用的标准物质组成的计量标准，在栏目中说明理由。

十、计量标准的不确定度评定

测量范围：(0~300)mm。

测量不确定度：$0.5\mu m + 0.5 \times 10^{-6}L(k=2.58)$。

注 1：列出计量标准的不确定度分析评定的详细过程。

注 2：直接用构成计量标准的测量仪器或标准物质的技术指标表述计量标准性能时，该栏目可不填。

十一、计量标准性能的验证

计量标准所有的不确定度验证均采用传递比较法进行。即用高一级计量标准和被验证计量标准测量同一个分辨力足够且稳定的被测对象，在包含因子相同的前提下，且当被验证计量标准与高一级计量标准的测量不确定度比大于或等于 4∶1 时，应满足下式：

$$|y-y_0| \leqslant U$$

式中：y——被验证计量标准给出的测量结果；

y_0——高一级计量标准给出的测量结果；

U——被验证计量标准的扩展不确定度。

高一级计量标准测量数据的引用资料来自上级计量技术机构出具的检定证书，被验证计量标准测量数据引用自最近一次核查数据。

选定一件量限为 (0~300) mm，分度值为 0.01mm 的数显游标卡尺，送上级计量检测中心检定后，用本标准又测得一组数据，其示值误差结果如下表所示：

标准值 （mm）	上级检定结果 （mm）	本装置检定结果 （mm）	对比结果
101.20	0.00	0.00	0
201.50	−0.01	−0.01	0
291.80	−0.01	−0.01	0

由对比结果可知，误差结果小于 U，此装置总的不确定度得到验证。

注：列出计量标准性能验证的方法、验证的数据以及验证的结论。

十二、测量结果的测量不确定度评定

1. 测量方法

根据 JJG 30—2012《通用卡尺检定规程》，通用卡尺示值误差的检定是在规定条件下用 5 等量块进行的。下面对量限为(0~300)mm，编号为 19121589 的电子数显卡尺的 10mm 和 291.8mm 点，进行检定结果的测量不确定度分析。

2. 数学模型

千分尺的示值误差 e：

$$e = L_m - L_b + L_m \cdot \alpha_m \cdot \Delta t_m - L_b \cdot \alpha_b \cdot \Delta t_b$$

式中：L_m——千分尺的示值(20℃ 条件下)；

L_b——量块的长度值(20℃ 条件下)；

α_m 和 α_b——千分尺和量块的线胀系数；

Δt_m 和 Δt_b——千分尺的量块偏离参考温度 20℃ 的数值。

3. 方差和灵敏度系数

为简化运算，舍去微小量，并转化相关项影响。

令：$L \approx L_m \approx L_b \alpha \approx \alpha_m \approx \alpha_b \Delta t \approx \Delta t_m \approx \Delta t_b$

$$\delta \alpha = \alpha_m - \alpha_b \delta t = \Delta t_m - \Delta t_b。$$

经整理得：

$$e = L_m - L_b + L \cdot \Delta t \cdot \delta \alpha - L \cdot \alpha \cdot \delta t。$$

灵敏系数 c_i：

$$c_1 = \partial e / \partial L_m = 1；\quad c_2 = \partial e / \partial L_b = -1；$$

$$c_3 = \partial e / \partial \delta \alpha = L \cdot \Delta t；\quad c_4 = \partial e / \partial \delta t = L \cdot \alpha。$$

依据不确定度传播律公式，输出量 e 估计值的方差为：

$$u_c^2 = u^2(e) = c_1^2 \cdot u_1^2 + c_2^2 \cdot u_2^2 + c_3^2 \cdot u_3^2 + c_4^2 \cdot u_4^2$$

$$= u_1^2 + u_2^2 + (L \cdot \Delta t)^2 \cdot u_3^2 + (L \cdot \alpha)^2 \cdot u_4^2。$$

4. 标准不确定度一览表

十二、测量结果的测量不确定度评定(续)

$L = 10\text{mm}$

标准不确定度 $u(x_i)$	不确定度来源	标准不确定度值 $u(x_i)$	$c_i = \partial f/\partial x_i$	$\lvert c_i\rvert \times u(x_i)(\mu\text{m})$
u_1	估读误差	$5.774\mu\text{m}$	1	5.774
u_2	检定用量块	$0.21\mu\text{m}$	1	0.21
u_{21}	对零量块	$0.00\mu\text{m}$		
u_{22}	读数量块	$0.213\mu\text{m}$		
u_3	千分尺和量块的线胀系数差	$0.816\times10^{-6}℃^{-1}$	$L\cdot\Delta t = 0.025\times10^6\times$ $4℃\cdot\mu\text{m}$	0.0408
u_4	千分尺和量块的温度差	$0.173℃$	$L\cdot\alpha = 0.025\times11.5$ $\mu\text{m}/℃$	0.0199
$u_c = 5.78\mu\text{m}$				

$L = 291.8\text{mm}$

标准不确定度 $u(x_i)$	不确定度来源	标准不确定度值 $u(x_i)$	$c_i = \partial f/\partial x_i$	$\lvert c_i\rvert \times u(x_i)(\mu\text{m})$
u_1	估读误差	$5.774\mu\text{m}$	1	5.774
u_2	检定用量块	$0.76\mu\text{m}$	1	0.76
u_{21}	对零量块	$0.00\mu\text{m}$		
u_{22}	读数量块	$0.760\mu\text{m}$		
u_3	千分尺和量块的线胀系数差	$0.816\times10^{-6}℃^{-1}$	$L\cdot\Delta t = 0.10\times10^6\times$ $4℃\cdot\mu\text{m}$	1.19
u_4	千分尺和量块的温度差	$0.173℃$	$L\cdot\alpha = 0.10\times11.5$ $\mu\text{m}/℃$	0.58
$u_c = 5.86\mu\text{m}$				

十二、测量结果的测量不确定度评定(续)

5. 标准不确定度计算

(1)估读误差引入的不确定度 u_1。

数显卡尺的最大估读误差为±10μm,服从均匀分布,$k = \sqrt{3}$:

$$u_1 = \frac{10\mu m}{\sqrt{3}} = 5.774\mu m。$$

(2)检定用量块的测量不确定度 u_2。

5 等量块的测量不确定度为 $U = 0.5\mu m + 5 \times 10^{-6}L$,$k = 2.58$。

①对零量块的不确定分量 u_{21}。

被检通用卡尺下限为零,不用对零量块,则:

$$u_{21} = 0.00\mu m。$$

②读数用量块不确定度分量 u_{22}。

通用卡尺 $L = 10$mm 时:

检定点用 10mm 量块的不确定度为 0.55μm,$k = 2.58$,则,

$$u_{22} = \frac{0.55\mu m}{2.58} = 0.213\mu m。$$

通用卡尺 $L = 291.8$mm 时:

检定点用 291.8mm 量块的不确定度为 1.96μm,$k = 2.58$,则,

$$u_{22} = \frac{1.96\mu m}{2.58} = 0.760\mu m。$$

以上两项合成:

$L = 10$mm 时,

$$u_2 = \sqrt{u_{21}^2 + u_{22}^2} = 0.21\mu m。$$

$L = 291.8$mm 时,

$$u_2 = \sqrt{u_{21}^2 + u_{22}^2} = 0.76\mu m。$$

(3)通用卡尺和量块间线胀系数差给出的不确定度 u_3。

取通用卡尺和量块线胀系数均为 $\alpha = (11.5 \pm 1) \times 10^{-6}℃^{-1}$,线胀系数差 $\delta\alpha$ 的界限为±$2 \times 10^{-6}℃^{-1}$,服从三角分布,$k = \sqrt{6}$,则:

$$u_3 = 2 \times 10^{-6}℃^{-1}/\sqrt{6} = 0.816 \times 10^{-6}℃^{-1}。$$

(4)通用卡尺和量块间的温度差给出的不确定度 u_4。

十二、测量结果的测量不确定度评定（续）

千分尺和量块间有一定的温度差存在，并以等概率落于区间$(-0.3\sim+0.3)$℃内，$k=\sqrt{3}$，则：

$$u_4 = 0.3℃/\sqrt{3} = 0.173℃。$$

6. 合成标准不确定度

检定测量范围超过 100mm 时，规程要求温度允许偏差 $\Delta t = \pm 4℃$；线胀系数取 $\alpha = 11.5\times10^{-6}℃^{-1}$。

$L = 10\text{mm} = 0.010\times10^6\mu\text{m}$ 时：

$$
\begin{aligned}
u_c^2 &= u_1^2 + u_2^2 + (L\cdot\Delta t)^2\cdot u_3^2 + (L\cdot\alpha)^2\cdot u_4^2 \\
&= (5.774\mu\text{m})^2 + (0.21\mu\text{m})^2 + (0.010\times10^6\mu\text{m}\times5℃\times0.816 \\
&\quad\times10^{-6}℃^{-1})^2 + (0.010\times10^6\mu\text{m}\times11.5\times10^{-6}℃^{-1}\times0.173℃)^2 \\
&= 33.385\mu\text{m}^2
\end{aligned}
$$

$$u_c = 5.78\mu\text{m};$$

$L = 291.8\text{mm} = 0.2918\times10^6\mu\text{m}$ 时：

$$
\begin{aligned}
u_c^2 &= u_1^2 + u_2^2 + (L\cdot\Delta t)^2\cdot u_3^2 + (L\cdot\alpha)^2\cdot u_4^2 \\
&= (5.774\mu\text{m})^2 + (0.76\mu\text{m})^2 + (0.2918\times10^6\mu\text{m}\times5℃\times0.816 \\
&\quad\times10^{-6}℃^{-1})^2 + (0.2918\times10^6\mu\text{m}\times11.5\times10^{-6}℃^{-1}\times0.173℃)^2 \\
&= 34.289\mu\text{m}^2
\end{aligned}
$$

$$u_c = 5.86\mu\text{m}。$$

7. 扩展不确定度

取置信因子 $k=2$。

$L = 10\text{mm}$ 时：

$$U = k\times u_c = 2\times5.78\mu\text{m} = 12\mu\text{m};$$

$L = 291.8\text{mm}$ 时：

$$U = k\times u_c = 2\times5.86\mu\text{m} = 12\mu\text{m}。$$

经分析，检定通用卡尺示值误差的扩展不确定度与最大允许误差的绝对值之比基本满足三分之一关系，可以开展检定。

注：选择典型被检定、校准对象，列出计量标准进行检定、校准所得测量结果的测量不确定度的详细评定过程。

十三、结论

　　通过对本计量标准证书有效期内历年检定证书的检查、计量标准重复性测试、计量标准稳定性考核、计量标准的不确定度评定、计量标准的性能验证，以及典型被检定对象测量结果测量不确定度的评定，证明本标准器组可完成量值传递范围内的通用卡尺量具的检定，符合相关检定规程的要求。

　　注：根据自查结果，给出计量标准是否符合标准和相关规程要求的结论。

十四、附录

序号	内　容	是否具备	备　注
1	技术档案目录	是	
2	计量标准证书	是	
3	计量标准考核表	是	
4	计量标准技术报告	是	
5	检定规程或校准规程等计量技术文件	是	
6	量值溯源与传递等级关系图	是	
7	检定或校准操作规程	是	
8	计量标准核查方案	是	
9	测量结果的测量不确定度评定实例	是	
10	主标准器及配套设备的说明书	是	
11	自研设备的研制报告和鉴定证书(必要时)	否	
12	计量标准历年的检定证书、校准证书	是	
13	能力测试报告和实验室间比对报告等证明校准能力的文件(适用时)	否	
14	计量标准的重复性测试记录、稳定性考核记录	是	
15	核查记录	是	
16	计量标准履历书	是	
17	计量标准更换申报表(必要时)	否	
18	计量标准封存/启封申报表(必要时)	否	
19	其他	否	

注1：附录列出计量标准技术档案建立情况。

注2：备注中列出该计量标准相应文件的代号。

第二节　考核表编写范例

特别提示：

（1）本节内容为检定通用卡尺量具标准器组考核表。

（2）考核表实际为计量标准考核的主文件，之所以列为第二节，是因为考核表中的信息来源为建标报告中的各考核项目。

（3）考核表与建标报告中的信息须完全一致。

（4）考核表编制时，须区分新建计量标准与计量标准复审，在填写考核表时，所填信息有所区别。本书使用者须注意，考核表每一单元格需要填写，无信息的填写"/"。

（5）本例的考核表格式为现行有效版本，若考核表格式发生变化，以新版格式为准。

计量标准考核表

计量标准名称　<u>检定通用卡尺量具标准器组</u>

计量技术机构名称　<u>　　　　　　　　　</u>（盖章）

联　系　人　<u>　　　　　　　　　　　　</u>

联系电话　<u>　　　　　　　　　　　　</u>

填表日期　<u>　　　　　　　　　　　　</u>

××计量管理部门

一、计量标准概况

计量标准名称	检定通用卡尺量具标准器组							
计量标准证书号	/							
		建立时间	/	存放地点	/	上次复查时间	/	
计量标准性能	参数	测量范围	(0~300) mm			不确定度、准确度等级或最大允许误差	/	
	万能量具						$L=10\text{mm}$:$U=12\mu\text{m}$,$k=2$;$L=291.8\text{mm}$:$U=12\mu\text{m}$,$k=2$	
	名 称	型号规格	出厂编号	生产国别厂家	研制或购进时间	参数及测量范围	不确定度、准确度等级或最大允许误差	检定（校准）机构	检定（校准）证书号	备注

	名 称	型号规格	出厂编号	生产国别厂家	研制或购进时间	参数及测量范围	不确定度、准确度等级或最大允许误差	检定（校准）机构	检定（校准）证书号	备注
主标准器	量块	12块	/	/	/	(10~291.8) mm	5 等	/	/	/
	量块	12块	/	/	/	(10~291.8) mm	5 等	/	/	/
配套设备	1级平面平晶	φ30mm	/	/	/	φ30mm	MPE：0.03μm	/	/	/
	千分尺	(0~25) mm/0.01mm	/	/	/	(0~25) mm	MPE：±4μm	/	/	/
	刀口形直尺	75mm	/	/	/	(0~75) mm	MPE：1μm	/	/	/
	刀口形直尺	225mm	/	/	/	(0~225) mm	MPE：2μm	/	/	/
	表面粗糙度比较样块	32块	/	/	/	Ra：(0.1~6.3) μm	MPE：+12%~-17%	/	/	/

注1：只有申请计量标准复查时才填写计量标准证书号，建立时间和上次复查时间。

注2：当使用校准值时，在"不确定度、准确度等级或最大允许误差"栏填写该值的不确定度。

注3：检定证书或校准证书号为申报时有效期内的证书号。

注4：自动化或半自动化计量标准中的计算机及测试软件为配套设备，不必检定或校准；开发的软件标明是否经过验证。

二、开展的检定或校准项目

序号	名　称	参数及测量范围	不确定度、准确度等级或最大允许误差
1	千分尺	(0～70) mm	MPE：±0.02mm
		(0～200) mm	MPE：±0.03mm
		(0～300) mm	MPE：±0.04mm

三、依据的检定规程或校准规程

序号	名　　称	编　号	备　　注
1	通用卡尺检定规程	JJG 30—2012	

注：自编检定规程、校准规程应在备注栏中填写审批的机构。

四、计量标准变更情况说明

　　无。

五、检定人员

姓　名	技术职称	检定 专业项目	从事 该专业年限	检定员证号

　　注1：栏四，仅复查时使用，填写计量标准设备、检定规程或校准规程、不确定度及人员等有关变更情况。不确定度发生变化时，说明原因。

　　注2：栏五，至少填写两名从事该项目在岗的检定人员。

六、环境条件

项目名称	要　求	实际情况	结　论
温　度	(20±5)℃	(17.0~23.0)℃	符合要求
相对湿度	≤80%RH	35%~65%RH	符合要求

七、申请单位意见

申请按期审核。

（盖章）

年　　月　　日

八、考核意见

考评员姓名	职称	考评员证书号	考核时间

九、审批意见

（盖章）

年　　月　　日

第七章 检定指示量具标准器组考核文件编写范例

第一节 建标报告编写范例

特别提示：

（1）本节为检定指示量具标准器组建标报告。

（2）搭建该计量标准可选设备型号众多，本书使用者应根据所在单位建立计量标准的实际情况加以调整。

（3）对于不同型号的设备，主标准器在测量范围、技术指标上均有变化，本书使用者在进行计量标准重复性考核、稳定性考核、测量不确定度评定、计量标准性能验证、测量结果不确定度评定时，应根据所选设备的实际指标进行计算。

（4）本例所进行的测量不确定度评定，其测量不确定度来源在不同地区、不同实验室环境下有所区别，本书使用者应根据所在单位的实际情况加以调整。

（5）建标报告编制时，须区分新建计量标准与计量标准复审，在填写建标报告时，所填信息有所区别。本书使用者须注意，在建标报告第十四项附录中，须体现出新建与复审的区别。

（6）本例的建标报告格式为现行有效版本，若建标报告格式发生变化，以新版格式为准。

计 量 标 准

建标技术报告

（版本号：第 1 版）

测量标准名称　<u>检定指示量具标准器组</u>

计量技术机构名称　<u>　　　　　　　</u>（盖章）

编写 <u>　　　　　　　</u>　<u>　　</u>年<u>　</u>月<u>　</u>日
审核 <u>　　　　　　　</u>　<u>　　</u>年<u>　</u>月<u>　</u>日
批准 <u>　　　　　　　</u>　<u>　　</u>年<u>　</u>月<u>　</u>日

××计量管理部门

说　　明

1. 封面

(1)"版本号"：按"第 1 版""第 2 版"等的格式填写该计量标准技术报告编写或修订的版次。

(2)"计量技术机构名称"一栏填写上级主管部门正式批准的计量技术机构全称，与认可或考核的名称一致，并加盖计量技术机构公章。

(3)"编写""审核""批准"分别由该报告的编写人、审核人和批准人签字。

(4)日期一栏用阿拉伯数字书写。如：2020 年 10 月 1 日。

2. 目次

目次内容的各项应列出其编号、标题及所在页码。编号一律左对齐，编号与标题之间用"、"、标题与页码之间用"……"连接，页码右对齐。如："一、建立计量标准的目的…………1"。

3. 其他栏目

其他栏目的填写说明见相应栏目的注。

4. 要求

(1)计量标准技术报告上报时，保留说明和注。

(2)计量标准技术报告采用 A4 幅面的纸张打印，目次内容和标题采用楷体 4 号，正文采用宋体 4 号，表格内容采用宋体 5 号。

目　　次

一、建立测量标准的目的

　　指示表类量具结构较简单、体积小、读数直观，工作中无须电源、气源，在维修中应用较广泛。表类量具包括百分表、千分表、杠杆百分表、杠杆千分表、内径百分表、内径千分表、杠杆齿轮比较仪、扭簧比较仪等。为了保证指示表类量具的示值准确性和可靠性，建立指示表检定装置标准。

　　本标准的建立，可对各型指示表进行检定，确保了维修、质检、检测工作质量。

二、测量标准的组成和工作原理

　　本测量标准采用计量光栅尺作为长度标准，通过光栅莫尔条纹之亮暗变化，采用光电子技术转变成电信号，经采样、放大、细分之后对数据进行分析、运算和显示，并利用计算机摄像处理系统识别指示表的示值读数，按照相应的指示表检定规程，对所得数据做出检定结论。其工作原理框图如下图所示：

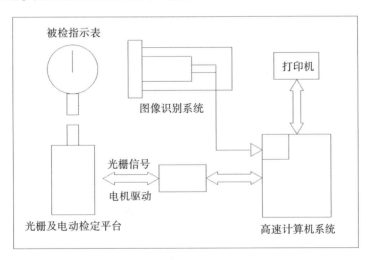

　　依据的检定规程是：《指示表（指针式、数显式）检定规程》（JJG 34—2008）和《大量程百分表检定规程》（JJG 379—2009）。

　　注 1：栏一，说明建立测量标准的目的和意义，明确保障对象的种类和主要技术指标。

　　注 2：栏二，概述测量标准的组成和工作原理；简要说明主要项目的检定、校准方法（必要时，画出连接框图）；列出依据的检定规程或校准规程等计量技术文件的代号和名称，说明选择的理由和适用性。

三、测量标准性能

1. 测量范围

(0~30) mm。

2. 测量不确定度

(0~1) mm，$U=1.3\mu m (k=2)$；

(0~10) mm，$U=3.5\mu m (k=2)$；

(0~50) mm，$U=6.0\mu m (k=2)$。

注：说明整套测量标准的主要技术指标，包括参数、测量范围及不确定度、准确度等级或最大允许误差。

四、构成测量标准的主标准器及配套设备

	名称	型号规格	出厂编号	生产国别、厂家	研制或购进时间	测量范围	不确定度、准确度等级或最大允许误差	检定（校准）机构	检定（校准）时间	检定（校准）证书号
主标准器	光栅式指示表检定仪	SJ3000-50C	/	深圳市中图仪器科技有限公司	/	(0~50) mm	(0~10) mm MPE: ±3.0μm; (0~50) mm MPE: ±6.0μm	/	/	/
	光栅式指示表检定仪	DS-50K	/	德上	/	(0~50) mm	(0~10) mm MPE: ±3.0μm; (0~50) mm MPE: ±6.0μm	/	/	/
配套设备	数字式测力仪	(0~14) N	/	深圳市中图仪器科技有限公司	/	(0~14) N	MPE: ±2.0%	/	/	/
	千分尺	(0~25) mm/0.01mm	/	成量	/	(0~25) mm	MPE: ±4.0μm	/	/	/
	表面粗糙度比较样块	32块	/	哈量	/	Ra: (0.1~6.3) μm	MPE: +12%~-17%	/	/	/

注 1：当使用校准值时，在"测量不确定度，准确度等级或最大允许误差"栏填写该值的测量不确定度。

注 2：检定证书或校准证书号为申报时有效期内的证书号。

注 3：自动化或半自动化测量标准中的计算机及测试软件为配套设备，不必检定或校准；开发的软件标明是否经过验证，在"检定（校准）时间"栏内填写验证时间。

五、量值溯源与传递等级关系图

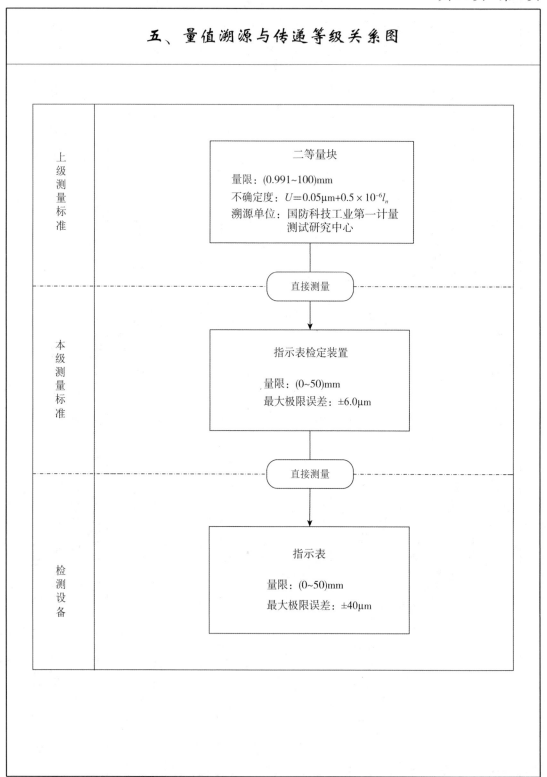

六、检定人员

姓　名	技术职称	检定专业项目	从事该专业年限	检定员证号

七、环境条件

项目名称	要　求	实际情况
环境温度	(20 ± 10)℃	$(15\sim25)$℃
相对湿度	<75%	<65%

注1：栏六，至少填写两名从事该项目的在岗计量检定员。

注2：栏七，逐项说明影响检定、校准结果的主要环境影响量(如温度、湿度、电源电压和频率等)的具体要求和实际情况。"实际情况"应填写测量标准工作环境的实际范围。

八、测量标准的重复性

选取量程为 $(0\sim1)$ mm 的千分表和 $(0\sim10)$ mm、$(0\sim30)$ mm 的两块百分表，用光栅式指示表检定装置在正常的工作条件下进行 10 次测量。各次的测量值如下表所示：

标称值(mm)	测量次数	1	2	3	4	5	6	7	8	9	10
1.0000	示值误差 x_i(μm)	2.0	1.2	2.4	2.3	2.8	1.2	1.7	1.3	2.5	2.6
10.0000		5	5	5	7	5	6	6	4	6	5
30.0000		9	11	10	11	9	8	10	11	10	12

根据以上结果，标称值为 1mm 时：

$$S_1(X_i) = \sqrt{\frac{\sum_{i=1}^{10}(X_i-X_0)^2}{n-1}} = 0.2\mu m 。$$

根据以上结果，标称值为 3mm 时：

$$S_{10}(X_i) = \sqrt{\frac{\sum_{i=1}^{6}(X_i-X_0)^2}{n-1}} = 0.3\mu m 。$$

根据以上结果，标称值为 30mm 时：

$$S_{30}(X_i) = \sqrt{\frac{\sum_{i=1}^{6}(X_i-X_0)^2}{n-1}} = 0.4\mu m 。$$

注：说明测量标准的重复性测试的方法；列出测量条件和所用测量仪器的名称、型号、编号；列出测量值和计算过程(可以列表说明)；给出测量标准的重复性。

九、测量标准的稳定性

选取量程为(0~1)mm 的千分表和(0~10)mm、(0~30)mm 的两块百分表，每隔一个月，用光栅式指示表检定装置在正常的工作条件下进行 10 次重复测量。连续进行 4 组测试，各组的测量值如下表所示：

标称值（mm）	时间	测量次数（μm）										平均值 X_n（μm）
		1	2	3	4	5	6	7	8	9	10	
1	2020.07	5.1	4.1	3.2	4.5	5.6	5.0	5.2	5.7	4.4	4.6	4.7
	2020.08	5.1	5.2	3.7	5.5	5.6	5.1	5.2	5.6	4.3	4.6	5.0
	2020.09	6.2	5.8	5.3	5.6	5.5	5.4	5.7	5.6	5.9	4.9	5.6
	2020.10	5.4	5.5	5.0	6.4	4.2	5.4	4.9	5.7	5.1	4.2	5.2
10	2020.07	6	5	6	6	5	7	5	6	6	5	5.7
	2020.08	7	6	6	7	7	8	7	7	6	6	6.7
	2020.09	6	7	7	8	6	8	7	7	8	6	7.0
	2020.10	6	5	5	6	5	7	5	6	6	7	5.8
30	2020.07	6	7	7	6	8	7	7	6	6	7	6.7
	2020.08	8	7	7	6	7	6	6	7	7	8	6.9
	2020.09	6	7	6	6	8	8	8	8	7	6	7.0
	2020.10	5	7	7	8	5	6	5	7	6	6	6.2

按照极差法计算，如下公式所示：

$$s_m = \frac{x_{max} - x_{min}}{d_m}$$

由公式可求得三点的实验标准差，用其中最大值代表本标准的稳定性，即 $s_m = 0.63\mu m$。

注 1：说明测量标准的稳定性考核方法；列出测量条件和所用测量仪器的名称、型号、编号；列出测量数据和计算过程(可以列表说明)；给出测量标准的稳定性及考核结论。

注 2：不需进行稳定性考核的新建测量标准或仅由一次性使用的标准物质组成的测量标准，在栏目中说明理由。

十、测量标准的不确定度评定

本标准设备技术指标符合：

(0~1)mm MPE：±1.3μm；

(0~10)mm MPE：±3.5μm；

(0~50)mm MPE：±6.0μm。

注 1：列出测量标准的不确定度分析评定的详细过程。

注 2：直接用构成测量标准的测量仪器或标准物质的技术指标表述测量标准性能时，该栏目可不填。

共14页 第9页

十一、测量标准性能的验证

选定两件量限为(0~10)mm、(0~30)mm 的百分表，一件量限为(0~1)mm 的千分表，检定合格后用本标准器组检定得如下数据。

1. (0~10)mm 的百分表

百分表	检定结果	本标准检定结果	对比结果
回程误差	1μm	1μm	0
任意 1mm 误差	7μm	8μm	1μm
全量程误差	11μm	11μm	0

2. (0~30)mm 的百分表

百分表	检定结果	本标准检定结果	对比结果
回程误差	2μm	2μm	0
任意 1mm 误差	5μm	6μm	1μm
全量程误差	12μm	12μm	0

3. (0~1)mm 的千分表

百分表	检定结果	本标准检定结果	对比结果
回程误差	1.1μm	1.1μm	0
任意 0.2mm 误差	1.2μm	1.4μm	0.2μm
全量程	1.6μm	1.7μm	0.1μm

比对结果，百分表的最大差值为 1μm，千分表的最大差值为 0.2μm，符合百分表、千分表允许示值误差范围要求，两组数据之差小于 U，即此标准器组的总的不确定度得到验证。

十二、测量结果的测量不确定度评定

选择量程为$(0\sim10)$mm、分度值为 0.01mm 的百分表(编号为 0034326),量程为$(0\sim30)$mm、分度值为 0.01mm 的百分表(编号为 6060710)和量程为$(0\sim1)$mm、分度值为 0.001mm 的千分表(编号为 9031315),对测量结果的测量不确定度进行评定,首先建立数学模型。

指示表的示值误差 e:

$$e = L_d - L_S + L_d \cdot \alpha_d \cdot \Delta t_d - L_S \cdot \alpha_S \cdot \Delta t_S$$

式中:L_d——指示表的示值(20℃条件下);

L_S——检定仪的示值(20℃条件下);

α_d、α_S——分别为指示表和检定仪的线胀系数;

Δt_d、Δt_S——分别为指示表和检定仪偏离 20℃时的数值。

令 $\delta_\alpha = \alpha_d - \alpha_S$,$\delta_t = \Delta t_d - \Delta t_S$,

取 $L \approx L_d \approx L_S$,$\alpha \approx \alpha_d \approx \alpha_S$,$\Delta t \approx \Delta t_d \approx \Delta t_S$,

得 $e = L_d - L_S + L \cdot \Delta t \cdot \delta_\alpha - L \cdot \alpha \cdot \delta_t$。

灵敏系数:

$c_1 = \partial e / \partial L_d = 1$, $\qquad c_2 = \partial e / \partial L_S = -1$,

$c_3 = \partial e / \partial \delta_\alpha = L \cdot \Delta t$, $\qquad c_4 = \partial e / \partial \delta_t = L \cdot \alpha$。

通过数学模型可知不确定度来源为测量重复性、检定仪的示值误差、线胀系数误差,以及指示表和检定仪的温度差。以下给出各参数测量结果的测量不确定度评定结果。

1. 测量重复性引入的不确定度 u_1

在相同条件下,对百分表在 10mm 点重复测量 10 次,经计算得出单次测量重复性 $s_{10} = 0.3\mu m$;

在相同条件下,对百分表在 30mm 点重复测量 10 次,经计算得出单次测量重复性 $s_{30} = 0.4\mu m$;

在相同条件下,对千分表在 1mm 点重复测量 10 次,经计算得出单次测量重复性 $s_1 = 0.2\mu m$。

所以:

$(0\sim1)$mm:$s_1 = u_{1.1} = 0.2\mu m$;

$(0\sim10)$mm:$s_{10} = u_{1.2} = 0.3\mu m$;

$(0\sim30)$mm:$s_{30} = u_{1.3} = 0.4\mu m$。

十二、测量结果的测量不确定度评定（续）

2. 检定仪的示值误差引起的不确定度 u_2

指示表检定仪示值误差：$(0\sim1)$ mm 不大于 $1\mu m$；$(0\sim10)$ mm 不大于 $3\mu m$；$(0\sim30)$ mm 不大于 $4\mu m$。

符合均匀分布，故：

$(0\sim1)$ mm：$u_{2.1} = 1/\sqrt{3} = 0.6\mu m$；

$(0\sim10)$ mm：$u_{2.2} = 3/\sqrt{3} = 1.7\mu m$；

$(0\sim30)$ mm：$u_{2.3} = 4/\sqrt{3} = 2.3\mu m$。

3. 指示表和检定仪线胀系数给出的不确定度分量 u_3

线胀系数界限为 $\pm2\times10^{-6}℃^{-1}$，按均匀分布：

$$u_3 = 2 \times 10^{-6}/\sqrt{3} = 1.15 \times 10^{-6}℃^{-1},$$

千分表，若 $L=1mm$，$\Delta t=10℃$，则：

$$u_{3.3} = 2 \times 10^{-6}/\sqrt{3} \times L \times \Delta t = 0.012\mu m;$$

百分表，若 $L=10mm$，$\Delta t=10℃$，则：

$$u_{3.2} = 2 \times 10^{-6}/\sqrt{3} \times L \times \Delta t = 0.12\mu m;$$

若 $L=30mm$，$\Delta t=10℃$，则：

$$u_{3.3} = 2 \times 10^{-6}/\sqrt{3} \times L \times \Delta t = 0.36\mu m。$$

4. 指示表和检定仪温度差给出的不确定度分量 u_4

存在的温度差以等概率落在 $\pm1℃$ 范围内，则

$$u_4 = 1/\sqrt{3} = 0.58℃,$$

千分表，若 $L=1mm$，$\alpha=11.5\times10^{-6}℃^{-1}$，则：

$$u_{4.1} = L \times \alpha \times 0.58 = 0.0067\mu m。$$

百分表，若 $L=10mm$，$\alpha=11.5\times10^{-6}℃^{-1}$，则：

$$u_{4.2} = L \times \alpha \times 0.58 = 0.067\mu m;$$

若 $L=30mm$，$\alpha=11.5\times10^{-6}℃^{-1}$，则：

$$u_{4.3} = L \times \alpha \times 0.58 = 0.201\mu m。$$

5. 合成标准不确定度 u_c

千分表在分度值为 $0.001mm$，$L=1mm$ 点时：

$$u_c = \sqrt{u_{1.1}^2 + u_{2.1}^2 + u_{3.1}^2 + u_{4.1}^2} = 0.63\mu m。$$

十二、测量结果的测量不确定度评定(续)

百分表在分度值为 0.01mm，$L = 10$mm 点时：

$$u_c = \sqrt{u_{1.2}{}^2 + u_{2.2}{}^2 + u_{3.2}{}^2 + u_{4.2}{}^2} = 1.73 \mu m;$$

百分表在分度值为 0.01mm，$L = 30$mm 点时：

$$u_c = \sqrt{u_{1.3}{}^2 + u_{2.3}{}^2 + u_{3.3}{}^2 + u_{4.3}{}^2} = 2.37 \mu m.$$

6. 扩展不确定度 U

千分表在分度值为 0.001mm，$L = 1$mm 时：

$$U = k \cdot u_c = 2 \times 0.63 = 1.3 \mu m (k = 2).$$

百分表在分度值为 0.01mm，$L = 10$mm 时：

$$U = k \cdot u_c = 2 \times 1.73 = 3.5 \mu m (k = 2);$$

百分表在分度值为 0.01mm，$L = 30$mm 时：

$$U = k \cdot u_c = 2 \times 2.37 = 4.7 \mu m (k = 2).$$

注：选择典型被检定、校准对象，列出测量标准进行检定、校准所得测量结果的测量不确定度的详细评定过程。

十三、结论

　　通过对本测量标准证书有效期内的历年检定证书检查、测量标准重复性测试、测量标准稳定性考核、测量标准的不确定度评定、测量标准的性能验证，以及典型被检定对象测量结果测量不确定度的评定，证明本标准器组可完成量值传递范围内的指示类量具的检定，符合相关检定规程的要求。

　　注：根据自查结果，给出测量标准是否符合标准和相关规程要求的结论。

十四、附　录

序号	内　　容	是否具备	备　　注
1	技术档案目录	是	
2	计量测量标准证书	是	
3	计量测量标准考核表	是	
4	计量测量标准技术报告	是	
5	检定规程或校准规程等计量技术文件	是	
6	量值溯源与传递等级关系图	是	
7	检定或校准操作规程	是	
8	测量标准核查方案	是	
9	测量结果的测量不确定度评定实例	是	
10	主标准器及配套设备的说明书	是	
11	自研设备的研制报告和鉴定证书(必要时)	否	
12	测量标准历年的检定证书、校准证书	是	
13	能力测试报告和实验室间的比对报告等证明校准能力的文件(适用时)	否	
14	测量标准的重复性测试记录、稳定性考核记录	是	
15	核查记录	是	
16	测量标准履历书	是	
17	测量标准更换申报表(必要时)	否	
18	测量标准封存/启封申报表(必要时)	否	
19	其他	否	

注1：附录列出测量标准技术档案建立情况。

注2：备注中列出该测量标准相应文件的代号或编号。

第二节　考核表编写范例

特别提示：

（1）本节内容为检定指示量具标准器组考核表。

（2）考核表实际为计量标准考核的主文件，之所以列为第二节，是因为考核表中信息来源为建标报告中的各考核项目。

（3）考核表与建标报告中的信息须完全一致。

（4）考核表编制时，须区分新建计量标准与计量标准复审，在填写考核表时，所填信息有所区别。本书使用者须注意，考核表每一单元格需要填写，无信息的填写"/"。

（4）本例的考核表格式为现行有效版本，若考核表格式发生变化，以新版格式为准。

计量标准考核表

计量标准名称　　　检定指示量具标准器组

计量技术机构名称　　　　　　　　　（盖章）

联　　系　　人　　　　　　　　　　　　

联　系　电　话　　　　　　　　　　　　

填　表　日　期　　　　　　　　　　　　

××计量管理部门

一、测量标准概况

测量标准名称	检定指示量具标准器组								
测量标准证书号	/								
测量标准性能	参数：万能量具	建立时间 /	存放地点 /	上次复查时间 /	测量范围 (0~50)mm	不确定度、准确度等级或最大允许误差：百分表：$L=1\text{mm}$，$U=1.3\mu\text{m}$（$k=2$）；$L=10\text{mm}$，$U=3.5\mu\text{m}$（$k=2$）；$L=50\text{mm}$，$U=6.0\mu\text{m}$（$k=2$）；千分表：$L=1\text{mm}$，$U=1.3\mu\text{m}$（$k=2$）			

	名 称	型号规格	出厂编号	生产国别厂家	研制或购进时间	参数及测量范围	不确定度、准确度等级或最大允许误差	检定（校准）机构	检定（校准）证书号	备注
主标准器	光栅式指示表检定仪	SJ3000-50C	/	/	/	(0~50)mm	(0~10)mm，MPE：±3.0μm；(0~50)mm，MPE：±6.0μm	/	/	
	光栅式指示表检定仪	DS-50K	/	/	/	(0~50)mm	(0~10)mm，MPE：±3.0μm；(0~50)mm，MPE：±6.0μm	/	/	
配套设备	数字测力仪	(0~14)N	/	/	/	(0~14)N	MPE：±2.0%	/	/	
	千分尺	(0~25)mm/0.01mm	/	/	/	(0~25)mm	MPE：±4.0μm	/	/	
	表面粗糙度比较样块	32块	/	/	/	Ra：(0.1~6.3)μm	MPE：+12%～-17%	/	/	

153

二、开展的检定或校准项目

序号	名　称	参数及测量范围	不确定度、准确度等级或最大允许误差
1	百分表	指示量具 (0~3) mm/0.01mm (0~5) mm/0.01mm (0~10) mm/0.01mm (0~50) mm/0.01mm	MPE：±14μm MPE：±16μm MPE：±20μm MPE：±40μm
2	千分表	指示量具 (0~1) mm/0.001mm (0~2) mm/0.001mm (0~3) mm/0.001mm (0~5) mm/0.001mm	MPE：±5μm MPE：±6μm MPE：±8μm MPE：±9μm

三、依据的检定规程或校准规程

序号	名　　称	编　号	备　注
1	指示表(指针式、数显式)检定规程 大量程百分表检定规程	JJG 34—2008 JJG 379—2009	

注：自编检定规程、校准规程应在备注栏中填写审批的机构。

四、测量标准变更情况说明

无。

五、检定人员

姓 名	职称	检定专业项目	从事该专业年限	检定员证号

注 1：栏四，仅复查时使用，填写测量标准设备、检定规程或校准规程、不确定度及人员等有关变更情况。不确定度发生变化时，说明原因。

注 2：栏五，至少填写两名从事该项目的在岗计量检定员。

六、环境条件

项目名称	要　求	实际情况	结　论
环境温度	(20±10)℃	(15~25)℃	符合要求
相对湿度	<75%	<65%	符合要求

七、申请单位意见

申请按期审核。

（盖章）

年　　月　　日

八、考核意见

主考员姓名	职称	主考员证书号	考核时间

九、审批意见

（盖章）

年　　月　　日

第八章　扭矩扳子检定装置考核文件编写范例

第一节　建标报告编写范例

特别提示：

（1）本节为扭矩扳子检定装置建标报告。

（2）搭建该计量标准可选设备型号众多，本书使用者应根据所在单位建立计量标准的实际情况加以调整。

（3）对于不同型号的设备，主标准器在测量范围、技术指标上均有变化，本书使用者在进行计量标准重复性考核、稳定性考核、测量不确定度评定、计量标准性能验证、测量结果不确定度评定时，应根据所选设备的实际指标进行计算。

（4）本例所进行的测量不确定度评定，其测量不确定度来源在不同地区、不同实验室环境下有所区别，本书使用者应根据所在单位的实际情况加以调整。

（5）建标报告编制时，须区分新建计量标准与计量标准复审，在填写建标报告时，所填信息有所区别。本书使用者须注意，在建标报告第十四项附录中，须体现出新建与复审的区别。

（6）本例的建标报告格式为现行有效版本，若建标报告格式发生变化，以新版格式为准。

158

计 量 标 准

建标技术报告

（版本号：第1版）

计量标准名称 ___扭矩扳子检定装置___

计量技术机构名称 _____（盖章）

编写 _____ ____年__月__日

审核 _____ ____年__月__日

批准 _____ ____年__月__日

ＸＸ计量管理部门

说　　明

1. 封面

（1）"版本号"：按"第 1 版""第 2 版"等的格式填写该计量标准技术报告编写或修订的版次。

（2）"计量技术机构名称"一栏填写上级主管部门正式批准的计量技术机构全称，与认可或考核的名称一致，并加盖计量技术机构公章。

（3）"编写""审核""批准"分别由该报告的编写人、审核人和批准人签字。

（4）日期一栏用阿拉伯数字书写。如：2020 年 10 月 1 日。

2. 目次

目次内容的各项应列出其编号、标题及所在页码。编号一律左对齐，编号与标题之间用"、"、标题与页码之间用"……"连接，页码右对齐。如："一、建立计量标准的目的…………1"。

3. 其他栏目

其他栏目的填写说明见相应栏目的注。

4. 要求

（1）计量标准技术报告上报时，保留说明和注。

（2）计量标准技术报告采用 A4 幅面的纸张打印，目次内容和标题采用楷体 4 号，正文采用宋体 4 号，表格内容采用宋体 5 号。

目　　次

一、建立计量标准的目的

扭矩扳子是多种机械设备重要承力件连接的专用工具，其数值准确性直接影响到设备的修理质量。它种类繁多，按结构和应用可以分成机械式、电子式、电动式、气动式；按数值显示方式不同又可以分成定值式、可调式、表盘式以及数显式等不同形式。为保证量值传递准确可靠，保证检测维修质量，合法开展计量工作，须建立该项计量标准。

二、计量标准的组成和工作原理

1. 计量标准的组成和工作原理

本标准检定装置主要对各种型号扭矩扳子进行校准。本扭矩扳子检定装置的原理框图如下图所示。

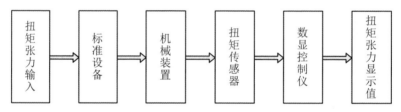

本扭矩扳子检定装置主要由整机供电电源、箱体内的机械传动装置、标准扭矩传感器、张力测力臂、钢索紧固装置、信号处理电路、数字显示控制仪等组成。基本工作原理：摇动机械传动手柄，内部机械传动装置使被测的扭矩扳子产生扭矩，产生的扭矩通过传感器、信号处理和模/数转换器到单片机进行处理后，由数显控制仪显示数值，通过显示数值和扭矩扳子上的指示值进行比对校准。

2. 检定方法

该标准设备采用比较法实现对被检扭矩扳子的检定。

3. 依据的检定规程

《扭矩扳子检定规程》（JJG 707—2014）。

注1：栏一，说明建立计量标准的目的和意义，明确保障对象的种类、数量和主要技术指标。

注2：栏二，概述计量标准的组成和工作原理；简要说明主要项目的检定、校准方法（必要时，画出连接框图）；列出依据的检定规程或校准规程等计量技术文件的代号和名称，说明选择理由和适用性。

三、计量标准性能

计量标准的技术指标：

测量范围：（0.282～2708.3）N·m（扭矩双向）；

扩展不确定度：$U=0.35\%$（$k=2$）。

注：说明整套计量标准的主要技术指标，包括参数、测量范围及不确定度、准确度等级或最大允许误差。

四、构成计量标准的主标准器及配套设备

	名称	型号规格	出厂编号	生产国别厂家	研制或购进时间	测量范围	不确定度、准确度等级或最大允许误差	检定（校准）机构	检定（校准）时间	检定（校准）证书号
主标准器	TFC2000	2.8211N·m	/	美国 CDI	/	(0.282~2.8211)N·m	±0.3%	/	/	/
		5.6423N·m	/	美国 CDI	/	(0.565~5.6423)N·m	±0.3%	/	/	/
		16.927N·m	/	美国 CDI	/	(1.695~16.927)N·m	±0.3%	/	/	/
		45.138N·m	/	美国 CDI	/	(4.52~45.138)N·m	±0.3%	/	/	/
		169.27N·m	/	美国 CDI	/	(16.95~169.27)N·m	±0.3%	/	/	/
		338.54N·m	/	美国 CDI	/	(33.9~338.54)N·m	±0.3%	/	/	/
		2708.3N·m	/	美国 CDI	/	(271.1~2708.3)N·m	±0.3%	/	/	/
配套设备	扭矩校验仪	2000-610-02	/	美国 CDI	/	(0.282~2708.3)N·m	/	/	/	/
	扭矩加载平台	TFC2000	/	美国 CDI	/	/	/	/	/	/

注1：当使用校准值时，在"测量不确定度、准确度等级或最大允许误差"栏填写该值的测量不确定度。

注2：检定证书或校准证书号为申报时有效期内的证书号。

注3：自动化或半自动化的计量标准中的计算机及测试软件为配套设备，不必检定或校准；开发的软件标明是否经过验证，在"检定（校准）时间"栏内填写验证时间。

164

五、量值溯源与传递等级关系图

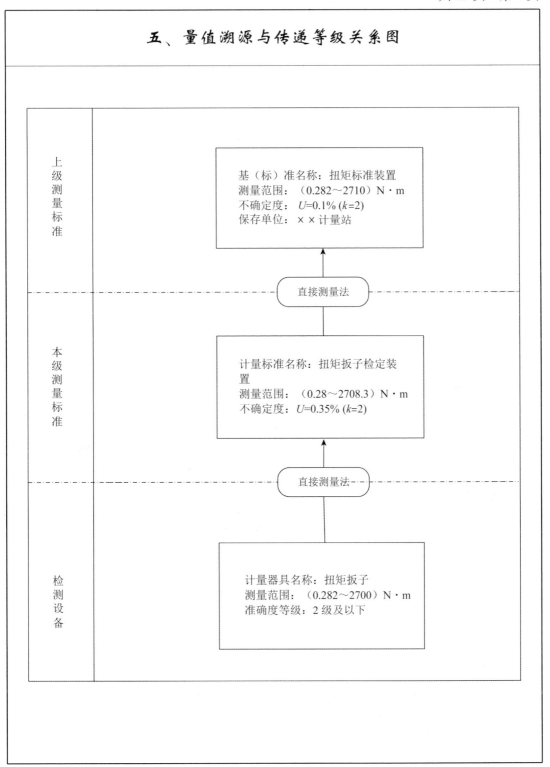

六、检定人员

姓　名	技术职称	检定专业项目	从事该专业年限	检定员证号

七、环境条件

项目名称	要　求	实际情况
环境温度	(23±5)℃	(20~26)℃
相对湿度	≤90%	30%~60%
干扰	无影响工作的电磁干扰和机械振动	无影响工作的电磁干扰和机械振动

注1：栏六，至少填写两名从事该项目的在岗计量检定员。

注2：栏七，逐项说明影响检定、校准结果的主要环境影响量(如温度、湿度、电源电压和频率等)的具体要求和实际情况。"实际情况"应填写计量标准工作环境的实际范围。

八、计量标准的重复性

用扭矩标准装置(力臂砝码组合)对本扭矩扳子检定装置在测量范围内,选择 2N・m、100N・m 和 1100N・m 三点分别进行 10 次重复性测量。测量结果如下表所示。

试验时间	2020 年 6 月 29 日		
计量标准	扭矩标准装置(力臂砝码组合)/TFC2000,编号:89702		
测量次数	测得值(N・m)		
	测量点:2N・m	测量点:100N・m	测量点:1100N・m
1	2.0002	100.10	1099.9
2	1.9999	100.12	1100.0
3	1.9999	100.10	1099.6
4	1.9999	100.09	1099.7
5	1.9999	100.12	1099.9
6	1.9996	100.11	1099.8
7	1.9993	100.10	1099.8
8	2.0002	100.13	1100.0
9	1.9993	100.12	1099.9
10	1.9990	100.14	1099.7
$\bar{y}$	1.9997	100.11	1099.8
$s(y_i) = \sqrt{\dfrac{\sum\limits_{i=1}^{n}(y_i - \bar{y})^2}{n-1}}$	0.07%	0.05%	0.04%

注:说明计量标准的重复性测试的方法;列出测量条件和所用测量仪器的名称、型号、编号;列出测量值和计算过程(可以列表说明);给出计量标准的重复性。

九、计量标准的稳定性

选择长期稳定性好、分辨力满足要求的 2 级数显扭矩扳子作为测量设备，在 2N·m、100N·m 和 1100N·m 量值点每隔 1 个月考核一次，每次测量 6 次，用极差法计算的实验标准差作为长期稳定性的数据。测量数据如下表所示。

2N·m 量值点：

考核日期	2020.6	2020.7	2020.8	2020.9
序号	数显扭矩扳子（N·m）	数显扭矩扳子（N·m）	数显扭矩扳子（N·m）	数显扭矩扳子（N·m）
1	2.002	2.002	1.999	2.000
2	2.002	2.002	2.000	1.999
3	2.004	2.003	2.001	2.001
4	2.003	2.000	1.999	2.000
5	2.002	1.999	2.001	2.000
6	2.003	2.003	2.001	2.001
$\bar{x}_n$/℃	2.003	2.002	2.000	2.000

用极差法计算得标准偏差：

$$S_m = \frac{x_{max} - x_{min}}{d_m} = \frac{2.003 - 2.000}{2.06} = 0.0015 \text{ N·m}$$

转换成相对量为：0.075%。稳定性小于计量标准的扩展不确定度，符合要求。

100N·m 量值点：

考核日期	2020.6	2020.7	2020.8	2020.9
序号	数显扭矩扳子（N·m）	数显扭矩扳子（N·m）	数显扭矩扳子（N·m）	数显扭矩扳子（N·m）
1	100.08	100.12	100.05	100.05
2	100.05	100.15	100.04	100.01
3	100.06	100.14	100.01	100.02
4	100.07	100.10	100.02	100.03
5	100.04	100.09	100.00	100.01
6	100.11	100.17	100.01	100.02
$\bar{x}_n$（℃）	100.07	100.13	100.02	100.03

九、计量标准的稳定性（续）

用极差法得标准偏差：

$$S_m = \frac{x_{max} - x_{min}}{d_m} = \frac{100.13 - 100.02}{2.06} = 0.053 \text{ N} \cdot \text{m}$$

转换成相对量为 0.05%。稳定性小于计量标准的扩展不确定度，符合要求。

1100N·m 量值点：

考核日期	2020.6	2020.7	2020.8	2020.9
序号	数显扭矩扳子（N·m）	数显扭矩扳子（N·m）	数显扭矩扳子（N·m）	数显扭矩扳子（N·m）
1	1101.5	1100.9	1101.3	1100.1
2	1102.0	1101.1	1100.7	1100.2
3	1101.2	1101.2	1101.2	1100.3
4	1101.3	1100.8	1101.1	1100.1
5	1101.4	1100.7	1101.0	1100.3
6	1100.9	1101.3	1100.8	1100.1
$\bar{x}_n$（℃）	1101.4	1101.0	1101.0	1100.2

用极差法得标准偏差：

$$S_m = \frac{x_{max} - x_{min}}{d_m} = \frac{1101.4 - 1100.2}{2.06} = 0.58 \text{ N} \cdot \text{m}$$

转换成相对量为 0.05%。稳定性小于计量标准的扩展不确定度，符合要求。

注1：说明计量标准的稳定性考核方法；列出测量条件和所用测量仪器的名称、型号、编号；列出测量数据和计算过程（可以列表说明）；给出计量标准的稳定性及考核结论。

注2：不须进行稳定性考核的新建计量标准或仅由一次性使用的标准物质组成的计量标准，在栏目中说明理由。

十、计量标准的不确定度评定

1. 计量标准不确定度分量

(1)扭矩扳子检定仪示值误差引入的不确定度。

(2)环境温度变化引入的不确定度。

(3)扭矩扳子检定装置分辨力引入的不确定度。

(4)扭矩扳子检定装置测量重复性引入的不确定度。

2. 计量标准不确定度分析

(1)扭矩扳子检定仪示值误差引入的不确定度 u_{B1}。

标准扭矩传感器相对示值误差引入不确定度，均匀分布，包含因子 $k=\sqrt{3}$，B 类评定，示值相对误差：2N·m 检定点，0.3%；100N·m 检定点，0.3%；1200N·m 检定点，0.3%，则：

$$u_{B11} = 3\times10^{-3}/\sqrt{3} = 1.7\times10^{-3};$$

$$u_{B12} = 3\times10^{-3}/\sqrt{3} = 1.7\times10^{-3};$$

$$u_{B13} = 3\times10^{-3}/\sqrt{3} = 1.7\times10^{-3}。$$

(2)环境温度变化引入的不确定度 u_{B2}。

在环境温度的变化范围内，对扭矩扳子检定装置的影响小于 $\pm3\times10^{-4}$，均匀分布，$k=\sqrt{3}$，B 类评定，则：$u_{B2} = 3\times10^{-4}/\sqrt{3} = 1.73\times10^{-4}$。

(3)扭矩扳子检定装置分辨力引入的不确定度 u_{B3}。

扭矩扳子检定装置分辨力引入的不确定度，均匀分布，包含因子 $k=\sqrt{3}$，B 类评定，示值分辨力：2N·m 检定点，0.0001N·m；100N·m 检定点，0.01N·m；1100N·m 检定点：0.1N·m，则：

$$u_{B31} = 0.0001/(2\times\sqrt{3}) = 2.9\times10^{-5};$$

$$u_{B32} = 0.01/(100\times\sqrt{3}) = 5.8\times10^{-5};$$

$$u_{B33} = 0.1/(1100\times\sqrt{3}) = 5.2\times10^{-5}。$$

(4)扭矩扳子检定装置重复性引入的不确定度 u_A。

检定时，以 3 次测量的平均值计算示值误差。

2N·m 检定点：$u_{A1} = 7\times10^{-4}/\sqrt{3} = 4.0\times10^{-4}$；

100N·m 检定点：$u_{A2} = 5\times10^{-4}/\sqrt{3} = 2.9\times10^{-4}$；

1100N·m 检定点：$u_{A3} = 4\times10^{-4}/\sqrt{3} = 2.3\times10^{-4}$。

十、计量标准的不确定度评定（续）

（5）合成不确定度 u_c。

2N·m 检定点：$u_{c1} = (u_{A1}^2 + u_{B11}^2 + u_{B2}^2 + u_{B31}^2)^{1/2} = 1.75 \times 10^{-3}$；

100N·m 检定点：$u_{c2} = (u_{A2}^2 + u_{B12}^2 + u_{B2}^2 + u_{B32}^2)^{1/2} = 1.73 \times 10^{-3}$；

1100N·m 检定点：$u_{c3} = (u_{A3}^2 + u_{B13}^2 + u_{B2}^2 + u_{B33}^2)^{1/2} = 1.72 \times 10^{-3}$。

（6）扩展不确定度 U。

2N·m 检定点：$U = ku_{c1} = 2 \times 1.75 \times 10^{-3} = 0.35\% (k=2)$；

100N·m 检定点：$U = ku_{c2} = 2 \times 1.73 \times 10^{-3} = 0.35\% (k=2)$；

1100N·m 检定点：$U = ku_{c2} = 2 \times 1.72 \times 10^{-3} = 0.34\% (k=2)$。

因此，本装置扩展不确定度为 0.35%（$k=2$）。

注 1：列出计量标准的不确定度分析评定的详细过程。

注 2：直接用构成计量标准的测量仪器或标准物质的技术指标表述计量标准性能时，该栏目可不填。

十一、计量标准性能的验证

对本计量标准采用两台比对法进行验证，即用两台不确定度相当的计量标准，对同一个分辨力足够且稳定的被测对象进行测量，在包含因子相同的前提下，应满足 $|y_1 - y_2| \leqslant \sqrt{U_1^2 + U_2^2}$。

选择 3 把性能稳定的数显扭矩扳子作为被测对象，分别与北京某所、广东省珠海市质量计量监督检测所测量的结果进行比较。扭矩扳子信息如下表所示。

序号	名称	型号	编号	量程	厂家
1	数显扭矩扳子	SWM-10(1/4)	390325123	(1~10) N·m	上海思为仪器制造有限公司
2	数显扭矩扳子	SWJ4-135	390819074	(8~135) N·m	上海思为仪器制造有限公司
3	数显扭矩扳子	MDS-1500	200902025	(300~1500) N·m	上海钟煜机械有限公司

测量点	比对标准 y_1（示值相对误差%）	本标准 y_2（示值相对误差%）	是否满足 $|y_1 - y_2| \leqslant \sqrt{U_1^2 + U_2^2}$
2N·m	0.9（北京某所）	0.8	满足
135N·m	1.3(北京某所)	1.1	满足
1500N·m	0.8（广东省珠海市质量计量监督检测所）	0.7	满足

结论：经验证，本计量标准满足要求。

注：列出计量标准性能验证的方法、验证的数据及验证的结论。

十二、测量结果的测量不确定度评定

选择三把不同量程的数显扭矩扳子，分别在 2N·m、100N·m、1100N·m 处，对测量结果的测量不确定度进行评定。数显扭矩扳子选用如下：

2N·m 检定点：型号 SWM-10(1/4)，量程 1~10N·m，编号 390325123；

100N·m 检定点：型号 SWJ4-135(1/2)，量程 8~135N·m，编号 390819074；

1100N·m 检定点：型号 MDS-1500，量程 300~1500N·m，编号 200902025。

1. 扭矩扳子检定装置引入的不确定度 u_{B1}

扭矩扳子检定装置引入不确定度，均匀分布，包含因子 $k = \sqrt{3}$，B 类评定。

2N·m 检定点：$u_{B11} = 3.5 \times 10^{-3} / \sqrt{3} = 2.0 \times 10^{-3}$；

100N·m 检定点：$u_{B12} = 3.5 \times 10^{-3} / \sqrt{3} = 2.0 \times 10^{-3}$；

1100N·m 检定点：$u_{B13} = 3.4 \times 10^{-3} / \sqrt{3} = 2.0 \times 10^{-3}$。

2. 被检数显扭矩扳子示值分辨力引入的不确定度 u_{B2}

被检扭矩扳子分辨力引入的不确定度，按均匀分布，包含因子 $k = \sqrt{3}$，B 类评定，示值分辨力：2N·m 检定点，0.01N·m；100N·m 检定点，0.01N·m；1100N·m 检定点，0.1N·m，则：

$$u_{B21} = 0.01 / (10 \times \sqrt{3}) = 5.8 \times 10^{-4};$$

$$u_{B22} = 0.01 / (135 \times \sqrt{3}) = 4.3 \times 10^{-5};$$

$$u_{B23} = 0.1 / (1500 \times \sqrt{3}) = 3.8 \times 10^{-5}.$$

3. 被检扭矩扳子的安装及人员操作引入的不确定度 u_{B3}

扭矩扳子安装及人员操作对示值的影响小于 0.5%，服从均匀分布，$k = \sqrt{3}$，则引入不确定度为：$u_{B3} = 5 \times 10^{-4} / \sqrt{3} = 2.9 \times 10^{-3}$。

4. 重复性引入的不确定度 u_A

2N·m 检定点重复性测量数据：

n	1	2	3	4	5	6
X_i(N·m)	1.984	1.982	1.987	1.989	1.981	1.985
平均值	$X_0 = 1.985$N·m		标准差	$S(X_i)/X_0 = 0.14\%$		

检定时，以 3 次测量的平均值计算示值误差，则：

$$u_{A1} = 1.4 \times 10^{-3} / \sqrt{3} = 8.1 \times 10^{-4}.$$

十二、测量结果的测量不确定度评定(续)

100N·m 检定点重复性测量数据:

n	1	2	3	4	5	6
$X_i(\text{N}\cdot\text{m})$	98.89	98.53	98.72	98.78	98.57	98.85
平均值	$X_0=98.72\text{N}\cdot\text{m}$		标准差	$S(X_i)/X_0=0.14\%$		

检定时,以 3 次测量的平均值计算示值误差,则:

$$u_{A2}=1.4\times10^{-3}/\sqrt{3}=8.1\times10^{-4}。$$

1100N·m 检定点重复性测量数据:

n	1	2	3	4	5	6
$X_i(\text{N}\cdot\text{m})$	1092.5	1090.1	1094.2	1091.7	1093.6	1091.8
平均值	$X_0=1092.32\text{N}\cdot\text{m}$		标准差	$S(X_i)/X_0=0.12\%$		

检定时,以 3 次测量的平均值计算示值误差,则:

$u_{A3}=1.2\times10^{-3}/\sqrt{3}=6.9\times10^{-4}。$

5. 合成不确定度 u_c

2N·m 检定点: $u_{c1}=(u_{A1}^2+u_{B11}^2+u_{B2}^2+u_{B3}^2)^{1/2}=3.66\times10^{-3}$;

100N·m 检定点: $u_{c2}=(u_{A2}^2+u_{B12}^2+u_{B2}^2+u_{B3}^2)^{1/2}=3.61\times10^{-3}$;

1100N·m 检定点: $u_{c3}=(u_{A3}^2+u_{B13}^2+u_{B2}^2+u_{B3}^2)^{1/2}=3.59\times10^{-3}$。

6. 扩展不确定度 U

2N·m 检定点: $U_1=ku_c=2\times3.66\times10^{-3}=7.3\times10^{-3}(k=2)$;

100N·m 检定点: $U_2=ku_c=2\times3.61\times10^{-3}=7.2\times10^{-3}(k=2)$;

1100N·m 检定点: $U_3=ku_c=2\times3.59\times10^{-3}=7.2\times10^{-3}(k=2)$。

注:选择典型被检定、校准对象,列出计量标准进行检定、校准所得测量结果的测量不确定度的详细评定过程。

十 三、结 论

通过对本计量标准证书有效期内的历年检定证书检查、计量标准重复性测试、计量标准稳定性考核、计量标准的不确定度评定、计量标准的性能验证，以及典型被检定对象测量结果测量不确定度的评定，证明本标准装置可完成对量值传递范围内扭矩扳子的检定，符合相关检定规程的要求。

注：根据自查结果，给出计量标准是否符合标准和相关规程要求的结论。

<h1 style="text-align:center">十四、附录</h1>

序号	内　容	是否具备	备　注
1	技术档案目录	是	
2	计量标准证书	是	
3	计量标准考核表	是	
4	计量标准技术报告	是	
5	检定规程或校准规程等计量技术文件	是	
6	量值溯源与传递等级关系图	是	
7	检定或校准操作规程	是	
8	计量标准核查方案	是	
9	测量结果的测量不确定度评定实例	是	
10	主标准器及配套设备的说明书	是	
11	自研设备的研制报告和鉴定证书(必要时)	否	
12	计量标准历年的检定证书、校准证书	是	
13	能力测试报告和实验室间比对报告等 证明校准能力的文件(适用时)	否	
14	计量标准的重复性测试记录、稳定性考核记录	是	
15	核查记录	是	
16	计量标准履历书	是	
17	计量标准更换申报表(必要时)	否	
18	计量标准封存/启封申报表(必要时)	否	
19	其他	否	

注 1：附录列出计量标准技术档案建立情况。

注 2：备注中列出该计量标准相应文件的代号。

第二节　考核表编写范例

特别提示：

（1）本节内容为扭矩扳子检定装置考核表。

（2）考核表实际为计量标准考核的主文件，之所以列为第二节，是因为考核表中信息来源为建标报告中的各考核项目。

（3）考核表与建标报告中的信息须完全一致。

（4）考核表编制时，须区分新建计量标准与计量标准复审，在填写考核表时，所填信息有所区别。本书使用者须注意，考核表每一单元格需要填写，无信息的填写"/"。

（5）本例的考核表格式为现行有效版本，若考核表格式发生变化，以新版格式为准。

计量标准考核表

计量标准名称　　扭矩扳子检定装置

计量技术机构名称　　　　　　　　　　（盖章）

联　　系　　人　　　　　　　　　　　

联　系　电　话　　　　　　　　　　　

填　表　日　期　　　　　　　　　　　

××计量管理部门

一、计量标准概况

计量标准名称	扭矩扳子检定装置		存放地点	/
计量标准证书号	/		建立时间	/
计量标准性能	参数 扭矩	测量范围 (0.282~2708.3)N·m	不确定度、准确度等级或最大允许误差 $U=0.35\%(k=2)$	上次复查时间 /

	名称	型号规格	出厂编号	生产国别厂家	研制或购进时间	参数及测量范围	不确定度或准确度等级或最大允许误差	检定（校准）机构	检定（校准）证书号	备注
主标准器	TFC2000 扭矩扳子检定装置	2.8211N·m	/	/	/	(0.282~2.8211)N·m	±0.3%	/	/	/
		5.6423N·m	/	/	/	(0.565~5.6423)N·m	±0.3%	/	/	/
		16.927N·m	/	/	/	(1.695~16.927)N·m	±0.3%	/	/	/
		45.138N·m	/	/	/	(4.52~45.138)N·m	±0.3%	/	/	/
		169.27N·m	/	/	/	(16.95~169.27)N·m	±0.3%	/	/	/
		338.54N·m	/	/	/	(33.9~338.54)N·m	±0.3%	/	/	/
		2708.3N·m	/	/	/	(271.1~2708.3)N·m	±0.3%	/	/	/
配套设备	扭矩校验仪	2000-610-02	/	/	/	(0.282~2708.3)N·m	/	/	/	/
	扭矩加载平台	TFC2000	/	/	/		/	/	/	/

179

二、开展的检定或校准项目

序号	名　称	参数及测量范围	不确定度、准确度等级或最大允许误差
1	扭矩扳子	(0.282~2708.3) N・m	2 级及以下

三、依据的检定规程或校准规程

序号	名　　称	编　号	备　注
1	扭矩扳子检定规程	JJG 707—2014	

注：自编检定规程、校准规程应在备注栏中填写审批的机构。

180

四、计量标准变更情况说明

无。

五、检定人员

姓　名	职称	检定专业项目	从事该专业年限	检定员证号

注1：栏四，仅复查时使用，填写计量标准设备、检定规程或校准规程、不确定度及人员等有关变更情况。不确定度发生变化时，说明原因。

注2：栏五，至少填写两名从事该项目的在岗计量检定员。

六、环境条件

项目名称	要　　求	实际情况	结　　论
环境温度	(23±5)℃	(20~26)℃	符合要求
相对湿度	≤90%	30%~60%	符合要求
干扰	无影响工作的电磁干扰和机械振动	无影响工作的电磁干扰和机械振动	符合要求

七、申请单位意见

申请按期审核。

（盖章）

年　　月　　日

八、考核意见

主考员姓名	职称	主考员证书号	考核时间

九、审批意见

（盖章）

年　　月　　日

第九章 多功能校准源标准装置考核文件编写范例

第一节 建标报告编写范例

特别提示：

(1)本节为多功能校准源标准装置建标报告。

(2)搭建该计量标准可选设备型号众多，本书使用者应根据所在单位建立计量标准的实际情况加以调整。

(3)对于不同型号的设备，主标准器在测量范围、技术指标上均有变化，本书使用者在进行计量标准重复性考核、稳定性考核、测量不确定度评定、计量标准性能验证、测量结果不确定度评定时，应根据所选设备的实际指标进行计算。

(4)本例所进行的测量不确定度评定，其测量不确定度来源在不同地区、不同实验室环境下有所区别，本书使用者应根据所在单位的实际情况加以调整。

(5)建标报告编制时，须区分新建计量标准与计量标准复审，在填写建标报告时，所填信息有所区别。本书使用者须注意，在建标报告第十四项附录中，须体现出新建与复审的区别。

(6)本例的建标报告格式为现行有效版本，若建标报告格式发生变化，以新版格式为准。

计 量 标 准

建标技术报告

（版本号：第1版）

计量标准名称　　多功能校准源标准装置

计量技术机构名称　　　　　　　（盖章）

编写　　　　　　　　　　　　　年　月　日
审核　　　　　　　　　　　　　年　月　日
批准　　　　　　　　　　　　　年　月　日

××上级计量管理部门

说　　明

1. 封面

（1）"版本号"：按"第 1 版""第 2 版"等的格式填写该计量标准技术报告编写或修订的版次。

（2）"计量技术机构名称"一栏填写上级主管部门正式批准的计量技术机构全称，与认可或考核的名称一致，并加盖计量技术机构公章。

（3）"编写""审核""批准"分别由该报告的编写人、审核人和批准人签字。

（4）日期一栏用阿拉伯数字书写。如：2020 年 10 月 1 日。

2. 目次

目次内容的各项应列出其编号、标题及所在页码。编号一律左对齐，编号与标题之间用"、"、标题与页码之间用"……"连接，页码右对齐。如："一、建立计量标准的目的…………1"。

3. 其他栏目

其他栏目的填写说明见相应栏目的注。

4. 要求

（1）计量标准技术报告上报时，保留说明和注。

（2）计量标准技术报告采用 A4 幅面的纸张打印，目次内容和标题采用楷体 4 号，正文采用宋体 4 号，表格内容采用宋体 5 号。

目　次

一、建立计量标准的目的

指针式交直流电流表、交直流电压表、电阻表以及测量电流、电压和电阻的万用表，$3^{1/2}$位、$4^{1/2}$位显示的数字多用表广泛应用于电学测量领域，主要用于开展维修保养、测量、计量等工作。为保证该类设备量值传递准确可靠，须建立该项计量标准装置。本标准装置可用于开展包括0.1级及以下，±(10mV～1000V)的直流电压；0.1级及以下，±(10μA～20A)的直流电流；0.1级及以下，10mV～1000V(40Hz～10kHz)的交流电压；0.5级及以下，1mA～20A(40Hz～10kHz)的交流电流；0.1级及以下，10Ω～1MΩ的直流电阻各参数的指针式交直流电流表、交直流电压表、电阻表，以及测量交直流电流、交直流电压和直流电阻的指针式万用表。还可用于开展±0.0052%及以下，±(10mV～1000V)的直流电压；±0.052%及以下，±(10μA～20A)的直流电流；±0.08%及以下，10mV～1000V(10Hz～500kHz)的交流电压；±0.22%及以下，1mA～20A(10Hz～10kHz)的交流电流；±0.014%及以下，10Ω～100MΩ的直流电阻的数字多用表的检定和校准工作。

二、计量标准的组成和工作原理

1. 计量标准组成和工作原理

多功能校准源标准装置主要由 FLUKE5522A 多功能校准源及连接线组成，检定和校准框图见下图。

2. 计量检定/校准方法

多功能校准源标准装置以 FLUKE5522A 为主标准器，对指针式万用表和手持式数字多用表，采取直接测量的方法进行检定或校准。多功能校准源 FLUKE5522A 输出标准值，由被检表进行测量，计算示值误差，进行检定和校准。

3. 依据的检定规程和校准规范

（JJF 1587—2016）《数字多用表校准规范》；

（JJG 124—2005）《电流表、电压表、功率表及电阻表检定规程》。

注1：栏一，说明建立计量标准的目的和意义，明确保障对象的种类、数量和主要技术指标。

注2：栏二，概述计量标准的组成和工作原理；简要说明主要项目的检定、校准方法（必要时，画出连接框图）；列出依据的检定规程或校准规程等计量技术文件的代号和名称，说明选择理由和适用性。

三、计量标准性能

（1）直流电压：$\pm(10\text{mV}\sim1000\text{V})$，$U_{\text{rel}}=0.0013\%\sim0.014\%(k=2)$。

最优点：3V；最差点：10mV；极值点：1000V。

（2）直流电流：$\pm(10\mu\text{A}\sim20\text{A})$，$U_{\text{rel}}=0.013\%\sim0.25\%(k=2)$。

最优点：300mA；最差点：$10\mu\text{A}$；极值点：20A。

（3）交流电压：$10\text{mV}\sim1000\text{V}(10\text{Hz}\sim500\text{kHz})$，$U_{\text{rel}}=0.02\%\sim1.0\%(k=2)$。

最优点：3V(1kHz)；最差点：10mV(500kHz)；极值点：1000V(10kHz)。

（4）交流电流：$1\text{mA}\sim20\text{A}(10\text{Hz}\sim10\text{kHz})$，$U_{\text{rel}}=0.054\%\sim3.5\%(k=2)$。

最优点：300mA(1kHz)；最差点：20A(5kHz)；极值点：1mA(10kHz)。

（5）直流电阻：$10\Omega\sim100\text{M}\Omega$，$U_{\text{rel}}=0.0035\%\sim0.061\%(k=2)$。

最优点：$10\text{k}\Omega$；最差点：$100\text{M}\Omega$；极值点：10Ω。

注：说明整套计量标准的主要技术指标，包括参数、测量范围及不确定度、准确度等级或最大允许误差。

189

四、构成计量标准的主标准器及配套设备

名称	型号规格	出厂编号	生产国别厂家	研制或购进时间	测量范围	不确定度、准确度等级或最大允许误差	检定（校准）机构	检定（校准）时间	检定（校准）证书号
主标准器 多功能校准源	5522A	/	FLUKE	/	直流电压：±（10mV~1000V）	±（0.00117%~0.012%）最优点：3V；最差点：10mV；极值点：1000V	/	/	
					交流电压：10mV~1000V（10Hz~500kHz）	±（0.017%~0.9%）最优点：3V（1kHz）；最差点：10mV（500kHz）；极值点：1000V（10kHz）			
					直流电流：±（10μA~20A）	±（0.011%~0.22%）最优点：300mA；最差点：10μA；极值点：20A			
					交流电流：1mA~20A（10Hz~10kHz）	±（0.0467%~3.02%）最优点：300mA（1kHz）；最差点：20A（5kHz）；极值点：1mA（10kHz）			
					直流电阻：10Ω~100MΩ	±（0.003%~0.053%）最优点：10kΩ；最差点：10Ω；极值点：100MΩ，100kΩ			

注 1：当使用校准值时，在"测量不确定度、准确度等级或最大允许误差"栏填写该值的测量不确定度。

注 2：检定证书或校准证书证书号为申报时有效期内的证书号。

注 3：自动化或半自动化的计算机及测试软件为配套设备，不必检定或校准；开发的软件标明是否经过验证，在"检定（校准）时间"栏内填写验证时间。

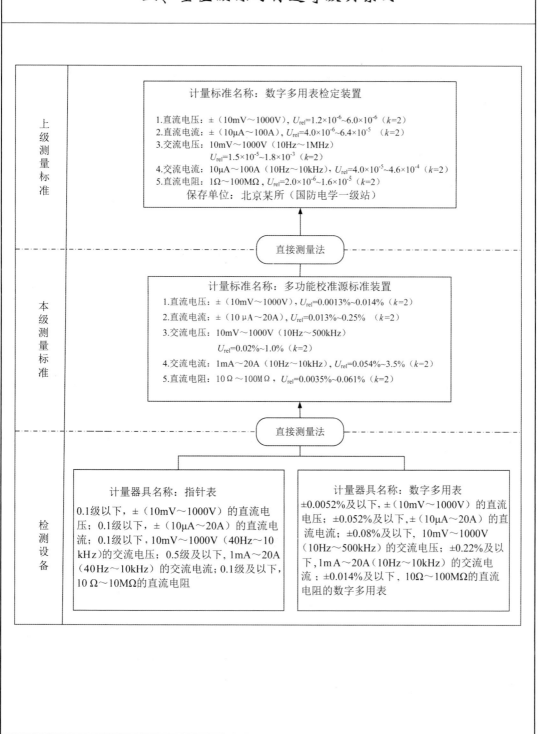

五、量值溯源与传递等级关系图

上级测量标准

计量标准名称：数字多用表检定装置

1. 直流电压：±（10mV～1000V），U_{rel}=1.2×10⁻⁶~6.0×10⁻⁶（k=2）
2. 直流电流：±（10μA～100A），U_{rel}=4.0×10⁻⁶~6.4×10⁻⁵（k=2）
3. 交流电压：10mV～1000V（10Hz～1MHz）
   U_{rel}=1.5×10⁻⁵~1.8×10⁻³（k=2）
4. 交流电流：10μA～100A（10Hz～10kHz），U_{rel}=4.0×10⁻⁵~4.6×10⁻⁴（k=2）
5. 直流电阻：1Ω～100MΩ，U_{rel}=2.0×10⁻⁶~1.6×10⁻⁵（k=2）

保存单位：北京某所（国防电学一级站）

↑ 直接测量法

本级测量标准

计量标准名称：多功能校准源标准装置

1. 直流电压：±（10mV～1000V），U_{rel}=0.0013%~0.014%（k=2）
2. 直流电流：±（10μA～20A），U_{rel}=0.013%~0.25%（k=2）
3. 交流电压：10mV～1000V（10Hz～500kHz）
   U_{rel}=0.02%~1.0%（k=2）
4. 交流电流：1mA～20A（10Hz～10kHz），U_{rel}=0.054%~3.5%（k=2）
5. 直流电阻：10Ω～100MΩ，U_{rel}=0.0035%~0.061%（k=2）

↑ 直接测量法

检测设备

计量器具名称：指针表

0.1级以下，±（10mV～1000V）的直流电压；0.1级以下，±（10μA～20A）的直流电流；0.1级以下，10mV～1000V（40Hz～10kHz）的交流电压；0.5级及以下，1mA～20A（40Hz～10kHz）的交流电流；0.1级及以下，10Ω～10MΩ的直流电阻

计量器具名称：数字多用表

±0.0052%及以下，±（10mV～1000V）的直流电压；±0.052%及以下，±（10μA～20A）的直流电流；±0.08%及以下，10mV～1000V（10Hz～500kHz）的交流电压；±0.22%及以下，1mA～20A（10Hz～10kHz）的交流电流；±0.014%及以下，10Ω～100MΩ的直流电阻的数字多用表

六、检定人员

姓　名	技术职称	检定专业项目	从事该专业年限	检定员证号

七、环境条件

项目名称	要　　求	实际情况
环境温度	(20±1)℃	(19.0~21.0)℃
相对湿度	30%~75%	40%~75%
供电电源	(220±22)V (50±1)Hz	(209~231)V (49~51)Hz
其他	周围无影响检定系统正常工作的机械振动和电磁干扰	符合要求

注1：栏六，至少填写两名从事该项目的在岗计量检定员。

注2：栏七，逐项说明影响检定、校准结果的主要环境影响量(如温度、湿度、电源电压和频率等)的具体要求和实际情况。"实际情况"应填写计量标准工作环境的实际范围。

八、计量标准的重复性

经分析标准装置技术指标，本校准装置须进行重复性测试的点包括：①直流电压：±（10mV～1000V），最优点：3V；最差点：10mV；极值点：1000V。②直流电流：±（10μA～20A），最优点：300mA；最差点：10μA；极值点：20A。③交流电压：10mV～1000V（10Hz～500kHz），最优点：3V（1kHz）；最差点：10mV（500kHz）；极值点：1000V（10kHz）。④交流电流：1mA～20A（10Hz～10kHz），最优点：300mA（1kHz）；最差点：20A（5kHz）；极值点：1mA（10kHz）。⑤直流电阻：10Ω～100MΩ，最优点：10kΩ；最差点：100MΩ；极值点：10Ω。

本标准装置的重复性验证同时采取两种方法进行：①直流电压（最优点：3V；最差点：10mV；极值点：1000V），直流电流（最优点：300mA；极值点：20A），交流电压（最优点：3V，1kHz；最差点：10mV，500kHz；极值点：1000V，10kHz），交流电流（最优点：300mA，1kHz；最差点：20A，5kHz；极值点：1mA，10kHz），直流电阻（最差点：100MΩ；最优点：10kΩ）共13个点，直接引用中国航天科技集团有限公司某研究院某研究所出具的测试报告（报告编号：DD20-1700）的重复性测试数据。②直流电流（最差点：10μA）和直流电阻（极值点：10Ω）共2个点，用数字多用表 FLUKE8588A（编号：508077288）在规定的温湿度环境条件下，对本标准装置进行重复性验证，分别进行10次重复测量，按贝塞尔公式：$s(x)=\sqrt{\dfrac{1}{n-1}\sum\limits_{i=1}^{n}(x_i-\bar{x})^2}$ 计算标准偏差，并作为计量标准重复性的依据。

式中：n——独立重复次数；

$\quad\quad x_i$——测量值；

$\quad\quad \bar{x}$——10次测量的平均值；

$\quad\quad M$——标准值。

1. 直流电压重复性测试

直流电压（最差点：10mV；最优点：3V；极值点：1000V）直接引用中国航天科技集团有限公司某研究院某研究所出具的测试报告中的重复性测试数据，如下表所示：

n	DCV:3V	DCV:10mV	DCV:1000V
	x_i（最优点）（V）	x_i（最差点）（mV）	x_i（极值点）（V）
1	2.999979	9.9997	1000.0068
2	2.999980	10.0001	1000.0070
3	2.999980	10.0002	1000.0066

八、计量标准的重复性(续)

n	DCV:3V	DCV:10mV	DCV:1000V
	x_i(最优点)(V)	x_i(最差点)(mV)	x_i(极值点)(V)
4	2.999977	10.0000	1000.0063
5	2.999979	9.9999	1000.0063
6	2.999980	10.0001	1000.0059
7	2.999980	10.0003	1000.0061
8	2.999979	10.0001	1000.0059
9	2.999979	10.0001	1000.0066
10	2.999981	10.0002	1000.0065
组内平均值 $\bar{x}$	2.9999794	10.00007	1000.00640
组内实验标准偏差 $s(x)$	0.0000011	0.00017	0.00037

经计算:

(1)直流电压在3V点的重复性: $s(x) = \sqrt{\dfrac{1}{n-1}\sum\limits_{i=1}^{n}(x_i - \bar{x})^2} = 0.0000011\text{V}$。

(2)直流电压在10mV点的重复性: $s(x) = \sqrt{\dfrac{1}{n-1}\sum\limits_{i=1}^{n}(x_i - \bar{x})^2} = 0.00017\text{mV}$。

(3)直流电压在1000V点的重复性: $s(x) = \sqrt{\dfrac{1}{n-1}\sum\limits_{i=1}^{n}(x_i - \bar{x})^2} = 0.00037\text{V}$。

2. 直流电流重复性测试

(1)直流电流(最优点:300mA;极值点:20A)直接引用中国航天科技集团有限公司某研究院某研究所出具的测试报告中的重复性测试数据。

(2)直流电流(最差点:10μA)用数字多用表 FLUKE8588A(编号:508077288),在规定的温湿度环境条件下,对本标准装置的直流电流点(10μA)进行重复性验证,分别进行 10 次重复测量,按贝塞尔公式计算标准偏差,并作为计量标准重复性的依据,如下表所示:

八、计量标准的重复性(续)

n	DCI:300mA	DCI:10μA	DCI:20A
	x_i(最优点)(mA)	x_i(最差点)(μA)	x_i(极值点)(A)
1	300.0205	9.999	19.9990
2	300.0204	10.000	19.9989
3	300.0204	10.000	19.9990
4	300.0203	10.000	19.9992
5	300.0205	9.999	19.9993
6	300.0204	10.000	19.9992
7	300.0204	10.000	19.9990
8	300.0203	10.000	19.9992
9	300.0203	10.000	19.9993
10	300.0205	10.000	19.9993
组内平均值 $\bar{x}$	300.0204	9.9998	19.99914
组内实验标准偏差 $s(x)$	0.000082	0.00042	0.00015

经计算:

(1)直流电流在 300mA 点的重复性: $s(x) = \sqrt{\dfrac{1}{n-1}\sum_{i=1}^{n}(x_i - \bar{x})^2} = 0.000082\text{mA}$。

(2)直流电流在 10μA 点的重复性: $s(x) = \sqrt{\dfrac{1}{n-1}\sum_{i=1}^{n}(x_i - \bar{x})^2} = 0.00042\text{μA}$。

(3)直流电流在 20A 点的重复性: $s(x) = \sqrt{\dfrac{1}{n-1}\sum_{i=1}^{n}(x_i - \bar{x})^2} = 0.00015\text{A}$。

3. 交流电压重复性测试

交流电压(最优点:3V,1kHz;最差点:10mV,500kHz;极值点:1000V,10kHz)直接引用中国航天科技集团有限公司某研究院某研究所出具的测试报告中的重复性测试数据,如下表所示:

195

八、计量标准的重复性(续)

n	ACV:3V,1kHz x_i(最优点)(V)	ACV:10mV,500kHz x_i(最差点)(mV)	ACV:1000V,10kHz x_i(极值点)(V)
1	2.99993	10.025	999.964
2	2.99996	10.025	999.962
3	2.99994	10.025	999.964
4	2.99995	10.025	999.969
5	2.99996	10.025	999.963
6	2.99996	10.025	999.962
7	2.99994	10.025	999.963
8	2.99996	10.025	999.964
9	2.99997	10.026	999.962
10	2.99997	10.026	999.964
组内平均值 $\bar{x}$	2.999954	10.0252	999.9637
组内实验标准偏差 $s(x)$	0.000014	0.00042	0.0021

经计算:

(1)交流电压在 3V,1kHz 点的重复性:

$$s(x) = \sqrt{\frac{1}{n-1}\sum_{i=1}^{n}(x_i - \bar{x})^2} = 0.000014\text{V}。$$

(2)交流电压在 10mV,500kHz 点的重复性:

$$s(x) = \sqrt{\frac{1}{n-1}\sum_{i=1}^{n}(x_i - \bar{x})^2} = 0.00042\text{mV}。$$

(3)交流电压在 1000V,10kHz 点的重复性:

$$s(x) = \sqrt{\frac{1}{n-1}\sum_{i=1}^{n}(x_i - \bar{x})^2} = 0.0021\text{V}。$$

八、计量标准的重复性(续)

4. 交流电流重复性测试

交流电流(最优点:300mA,1kHz;最差点:20A,5kHz;极值点:1mA,10kHz)直接引用中国航天科技集团有限公司某研究院某研究所出具的测试报告中的重复性测试数据,如下表所示:

| n | ACI:300mA,1kHz | ACI:20A,5kHz | ACI:1mA,10kHz |
	x_i(最优点)(mA)	x_i(最差点)(A)	x_i(极值点)(mA)
1	300.071	19.8945	0.99978
2	300.071	19.8967	0.99978
3	300.070	19.8977	0.99978
4	300.071	19.8986	0.99978
5	300.070	19.8997	0.99978
6	300.070	19.9001	0.99977
7	300.070	19.9011	0.99977
8	300.071	19.9017	0.99977
9	300.071	19.9025	0.99977
10	300.071	19.9028	0.99977
组内平均值 $\bar{x}$	300.0706	19.89954	0.999775
组内实验标准偏差 $s(x)$	0.00052	0.0027	0.0000053

经计算:

(1)交流电流在 300mA, 1kHz 点的重复性:

$$s(x) = \sqrt{\frac{1}{n-1}\sum_{i=1}^{n}(x_i - \bar{x})^2} = 0.00052\text{mA}。$$

(2)交流电流在 20A, 5kHz 点的重复性:

$$s(x) = \sqrt{\frac{1}{n-1}\sum_{i=1}^{n}(x_i - \bar{x})^2} = 0.0027\text{A}。$$

八、计量标准的重复性(续)

（3）交流电压在 1mA，10kHz 点的重复性：

$$s(x) = \sqrt{\frac{1}{n-1}\sum_{i=1}^{n}(x_i - \bar{x})^2} = 0.0000053\text{mA}。$$

5. 直流电阻重复性测试

（1）直流电阻（最差点：100MΩ；最优点：10kΩ）直接引用中国航天科技集团有限公司某研究院某研究所出具的测试报告中的重复性测试数据，如下表所示。

（2）直流电阻（极值点：10Ω）用数字多用表 FLUKE8588A（编号：508077288）在规定的温湿度环境条件下，对本标准装置的直流电阻挡（10Ω 点）进行重复性验证，分别进行 10 次重复测量，按贝塞尔公式计算标准偏差，并作为计量标准重复性的依据。

n	DCR：10kΩ	DCR：100MΩ	DCR：10Ω
	x_i（最优点）（kΩ）	x_i（最差点）（MΩ）	x_i（极值点）（Ω）
1	9.99998	99.9914	9.9999
2	9.99997	99.9916	9.9998
3	9.99997	99.9905	9.9999
4	9.99997	99.9911	9.9999
5	9.99998	99.9904	9.9999
6	9.99997	99.9917	9.9999
7	9.99998	99.9911	9.9999
8	9.99998	99.9903	10.0000
9	9.99998	99.9902	9.9999
10	9.99997	99.9912	9.9999
组内平均值 $\bar{x}$	9.999975	99.99095	9.9999
组内实验标准偏差 $s(x)$	0.0000053	0.00056	0.000047

八、计量标准的重复性(续)

经计算:

(1)直流电阻在 10kΩ 点的重复性:

$$s(x) = \sqrt{\frac{1}{n-1}\sum_{i=1}^{n}(x_i - \bar{x})^2} = 0.0000053\text{k}\Omega_{\circ}$$

(2)直流电阻在 100MΩ 点的重复性:

$$s(x) = \sqrt{\frac{1}{n-1}\sum_{i=1}^{n}(x_i - \bar{x})^2} = 0.00056\text{M}\Omega_{\circ}$$

(3)直流电阻在 10Ω 点的重复性:

$$s(x) = \sqrt{\frac{1}{n-1}\sum_{i=1}^{n}(x_i - \bar{x})^2} = 0.000047\Omega_{\circ}$$

注:说明计量标准的重复性测试的方法;列出测量条件和所用测量仪器的名称、型号、编号;列出测量值和计算过程(可以列表说明);给出计量标准的重复性。

九、计量标准的稳定性

使用数字多用表 FLUKE8588A（编号为 508077288），在规定的温湿度环境条件下，对本标准装置进行稳定性考核。

经分析标准装置技术指标，本校准装置须进行稳定性验证的点包括：①直流电压：±（10mV～1000V），最优点：3V；最差点：10mV；极值点：1000V。②直流电流：±（10μA～20A），最优点：300mA；最差点：10μA；极值点：20A。③交流电压：10mV～1000V（10Hz～500kHz），最优点：3V（1kHz）；最差点：10mV（500kHz）；极值点：1000V（10kHz）。④交流电流：1mA～20A（10Hz～10kHz），最优点：300mA（1kHz）；最差点：20A（5kHz）；极值点：1mA（10kHz）。⑤直流电阻：10Ω～100MΩ，最优点：10kΩ；最差点：100MΩ；极值点：10Ω。

从 2020 年 8 月开始，连续 4 个月进行验证。每次对上述 15 个点进行稳定性测试得到一组 6 个数据，共进行 4 次，作为长期稳定性的数据。

稳定性验证中采用 $m = 4$，$n = 6$。$m < 6$ 时，按极差法计算稳定性 s_m，取 $d_4 = 2.06$，因此，计算公式为 $s_m = \dfrac{x_{\max} - x_{\min}}{d_m}$。

九、计量标准的稳定性（续）

1. 直流电压稳定性测试

直流电压：±（10mV～1000V），在最优点（3V）、最差点（10mV）、极值点（1000V），从 2020 年 8 月开始，连续做 4 个月的稳定性测试，如下表所示：

n	DCV:3V				DCV:10mV				DCV:1000V			
	x_i（最优点）（V）				x_i（最差点）（mV）				x_i（极值点）（V）			
	8月	9月	10月	11月	8月	9月	10月	11月	8月	9月	10月	11月
1	2.999979	2.999982	2.999985	3.000002	9.9997	9.9998	10.0003	9.9999	1000.0068	1000.0070	1000.0074	1000.0080
2	2.999980	2.999980	2.999988	3.000004	10.0001	10.0002	10.0002	10.0002	1000.0070	1000.0072	1000.0076	1000.0082
3	2.999980	2.999982	2.999990	3.000002	10.0002	10.0002	10.0002	10.0002	1000.0066	1000.0074	1000.0078	1000.0084
4	2.999977	2.999984	2.999986	3.000002	10.0000	10.0003	10.0003	10.0003	1000.0063	1000.0075	1000.0078	1000.0084
5	2.999979	2.999984	2.999988	3.000003	9.9999	10.0000	10.0002	10.0002	1000.0063	1000.0076	1000.0080	1000.0082
6	2.999980	2.999980	2.999988	3.000002	10.0001	10.0001	10.0004	10.0004	1000.0059	1000.0072	1000.0080	1000.0082
7	2.999980	2.999980	2.999986	3.000002	10.0003	10.0003	10.0003	10.0003	1000.0061	1000.0076	1000.0078	1000.0084
8	2.999979	2.999984	2.999988	3.000002	10.0001	10.0001	10.0002	10.0002	1000.0059	1000.0080	1000.0080	1000.0084
9	2.999979	2.999984	2.999984	3.000002	10.0001	10.0001	10.0001	10.0001	1000.0066	1000.0075	1000.0078	1000.0084
10	2.999981	2.999985	2.999988	3.000002	10.0002	10.0003	10.0003	10.0003	1000.0065	1000.0070	1000.0078	1000.0084
$\bar{x}$	2.9999794	2.9999825	2.9999871	3.0000023	10.00007	10.00014	10.00025	10.00021	1000.0064	1000.0074	1000.0078	1000.0083

取 $d_4 = 2.06$。

（1）直流电压在 3V 点的稳定性：

$$s_m = \frac{x_{\max} - x_{\min}}{d_m} = 0.000011V < U = 0.00004V，符合要求。$$

（2）直流电压在 10mV 点的稳定性：

$$s_m = \frac{x_{\max} - x_{\min}}{d_m} = 0.000087mV < U = 0.0014mV，符合要求。$$

（3）直流电压在 1000V 点的稳定性：

$$s_m = \frac{x_{\max} - x_{\min}}{d_m} = 0.00092V < U = 0.0023V，符合要求。$$

九、计量标准的稳定性(续)

2. 直流电流稳定性测试

直流电流：±(10μA～20A)，在最优点(300mA)、最差点(10μA)、极值点(20A)，从 2020 年 8 月开始，连续做 4 个月的稳定性测试，如下表所示：

n	DCI:300mA				DCI:10μA				DCI:20A			
	x_i(最优点)(mA)				x_i(最差点)(μA)				x_i(极值点)(A)			
	8 月	9 月	10 月	11 月	8 月	9 月	10 月	11 月	8 月	9 月	10 月	11 月
1	0.300013	0.300018	0.300020	0.300033	9.998	9.999	10.002	10.004	19.9990	19.9992	19.9994	19.9992
2	0.300014	0.300020	0.300021	0.300034	10.000	10.000	10.002	10.004	19.9989	19.9994	19.9994	19.9994
3	0.300015	0.300020	0.300021	0.300035	10.000	10.000	10.002	10.004	19.9990	19.9992	19.9995	19.9992
4	0.300014	0.300021	0.300022	0.300035	10.001	10.001	10.003	10.003	19.9992	19.9992	19.9994	19.9994
5	0.300014	0.300020	0.300022	0.300035	9.999	10.002	10.004	10.004	19.9993	19.9994	19.9994	19.9994
6	0.300014	0.300020	0.300022	0.300035	10.000	10.000	10.002	10.003	19.9992	19.9992	19.9992	19.9994
7	0.300015	0.300020	0.300022	0.300034	10.000	10.002	10.004	10.004	19.9990	19.9993	19.9993	19.9993
8	0.300014	0.300020	0.300021	0.300034	10.000	10.001	10.003	10.003	19.9992	19.9992	19.9994	19.9994
9	0.300015	0.300021	0.300022	0.300034	10.000	10.002	10.004	10.002	19.9993	19.9993	19.9995	19.9995
10	0.300014	0.300020	0.300022	0.300034	10.000	10.002	10.004	10.004	19.9993	19.9993	19.9995	19.9995
$\bar{x}$	0.3000142	0.3000200	0.3000215	0.3000343	9.9998	10.0009	10.0031	10.0035	19.99914	19.99927	19.99940	19.99937

取 $d_4 = 2.06$。

(1)直流电流在 300mA 点的稳定性：

$$s_m = \frac{x_{\max} - x_{\min}}{d_m} = 0.098\text{mA} < U = 0.38\text{mA}，符合要求。$$

(2)直流电流在 10μA 点的稳定性：

$$s_m = \frac{x_{\max} - x_{\min}}{d_m} = 0.0018\mu\text{A} < U = 0.025\mu\text{A}，符合要求。$$

(3)直流电流在 20A 点的稳定性：

$$s_m = \frac{x_{\max} - x_{\min}}{d_m} = 0.00013\text{A} < U = 0.024\text{A}，符合要求。$$

九、计量标准的稳定性（续）

3. 交流电压稳定性测试

交流电压：10mV～1000V（10Hz～500kHz），在最优点（3V，1kHz）、最差点（10mV，500kHz）、极值点（1000V，10kHz），从 2020 年 8 月开始，连续做 4 个月的稳定性测试，如下表所示：

n	ACV：3V，1kHz				ACV：10mV，500kHz				ACV：1000V，10kHz			
	x_i（最优点）（V）				x_i（最差点）（mV）				x_i（极值点）（V）			
	8 月	9 月	10 月	11 月	8 月	9 月	10 月	11 月	8 月	9 月	10 月	11 月
1	2.99993	2.99998	3.00003	3.00003	10.025	10.027	10.026	10.026	999.964	999.969	999.970	999.972
2	2.99996	2.99999	3.00003	3.00003	10.025	10.025	10.026	10.027	999.962	999.969	999.972	999.972
3	2.99994	2.99999	3.00003	3.00005	10.025	10.025	10.026	10.028	999.964	999.968	999.971	999.973
4	2.99995	2.99998	3.00001	3.00003	10.025	10.025	10.025	10.028	999.969	999.970	999.970	999.973
5	2.99996	2.99999	3.00002	3.00003	10.025	10.025	10.025	10.028	999.963	999.969	999.970	999.973
6	2.99996	2.99998	3.00002	3.00004	10.025	10.025	10.025	10.026	999.962	999.969	999.969	999.970
7	2.99994	2.99999	3.00002	3.00004	10.025	10.025	10.025	10.028	999.963	999.969	999.970	999.970
8	2.99996	2.99999	3.00002	3.00004	10.025	10.025	10.025	10.028	999.964	999.968	999.969	999.972
9	2.99997	2.99998	3.00001	3.00004	10.026	10.026	10.026	10.028	999.962	999.969	999.970	999.973
10	2.99997	2.99998	3.00002	3.00003	10.026	10.026	10.026	10.026	999.964	999.969	999.972	999.972
$\overline{x}$	2.999954	2.999985	3.000021	3.000036	10.0252	10.0254	10.0255	10.0275	999.9637	999.9689	999.9703	999.9720

取 $d_4 = 2.06$。

（1）交流电压在 3V，1kHz 点的稳定性：

$$s_m = \frac{x_{\max} - x_{\min}}{d_m} = 0.000039\text{V} < U = 0.00059\text{V}，符合要求。$$

（2）交流电压在 10mV，500kHz 点的稳定性：

$$s_m = \frac{x_{\max} - x_{\min}}{d_m} = 0.0011\text{mV} < U = 0.10\text{mV}，符合要求。$$

（3）交流电压在 1000V，10kHz 点的稳定性：

$$s_m = \frac{x_{\max} - x_{\min}}{d_m} = 0.004\text{V} < U = 0.36\text{V}，符合要求。$$

九、计量标准的稳定性（续）

4. 交流电流稳定性测试

交流电流：1mA ~ 20A（10Hz ~ 10kHz），在最优点（300mA，1kHz）、最差点（20A，5kHz）、极值点（1mA，10kHz），从 2020 年 8 月开始，连续做 4 个月的稳定性测试，如下表所示：

n	ACI：300mA，1kHz				ACI：20A，5kHz				ACI：1mA，10kHz			
	x_i（最优点）（mA）				x_i（最差点）（A）				x_i（极值点）（mA）			
	8月	9月	10月	11月	8月	9月	10月	11月	8月	9月	10月	11月
1	0.29964	0.29967	0.29972	0.29974	19.8945	19.9002	19.9012	19.9025	0.99978	0.99980	0.99992	0.99992
2	0.29965	0.29968	0.29973	0.29974	19.8967	19.8970	19.9022	19.9022	0.99978	0.99985	0.99978	0.99980
3	0.29965	0.29968	0.29974	0.29974	19.8977	19.9025	19.9025	19.9035	0.99978	0.99978	0.99990	0.99995
4	0.29965	0.29969	0.29973	0.29976	19.8986	19.8986	19.9023	19.9023	0.99978	0.99986	0.99978	0.99978
5	0.29964	0.29970	0.29973	0.29975	19.8997	19.8997	19.9012	19.9033	0.99978	0.99988	0.99995	0.99998
6	0.29964	0.29968	0.29972	0.29975	19.9001	19.9021	19.9021	19.9021	0.99977	0.99990	0.99985	0.99989
7	0.29964	0.29968	0.29974	0.29974	19.9011	19.9011	19.9011	19.9031	0.99977	0.99982	0.99986	0.99986
8	0.29965	0.29969	0.29972	0.29975	19.9017	19.9027	19.9027	19.9027	0.99977	0.99988	0.99988	0.99989
9	0.29964	0.29969	0.29971	0.29975	19.9025	19.9025	19.9025	19.9035	0.99977	0.99977	0.99977	0.99985
10	0.29965	0.29969	0.29972	0.29975	19.9028	19.9028	19.9029	19.9038	0.99977	0.99995	0.99995	0.99999
$\bar{x}$	0.299645	0.299685	0.299726	0.299747	19.89954	19.90092	19.90207	19.90290	0.999775	0.999849	0.999864	0.999891

取 $d_4 = 2.06$。

（1）交流电流在 300mA，1kHz 点的稳定性：

$$s_m = \frac{x_{\max} - x_{\min}}{d_m} = 0.05\text{mA} < U = 0.16\text{mA}，符合要求。$$

（2）交流电流在 20A，5kHz 点的稳定性：

$$s_m = \frac{x_{\max} - x_{\min}}{d_m} = 0.0016\text{A} < U = 0.70\text{A}，符合要求。$$

（3）交流电流在 1mA，10kHz 点的稳定性：

$$s_m = \frac{x_{\max} - x_{\min}}{d_m} = 0.000056\text{mA} < U = 0.0061\text{mA}，符合要求。$$

九、计量标准的稳定性(续)

5. 直流电阻稳定性测试

直流电阻：10Ω～100MΩ，在最优点(10kΩ)、最差点(100MΩ)、极值点(10Ω)，从 2020 年 8 月开始，连续做 4 个月的稳定性测试，如下表所示：

n	DCR:10kΩ				DCR:100MΩ				DCR:10Ω			
	x_i(最优点)(kΩ)				x_i(最差点)(MΩ)				x_i(极值点)(Ω)			
	8月	9月	10月	11月	8月	9月	10月	11月	8月	9月	10月	11月
1	9.99998	9.99998	9.99996	9.99994	99.9914	99.9911	99.9909	99.9910	9.9999	9.9992	9.9992	9.9992
2	9.99997	9.99997	9.99997	9.99995	99.9916	99.9905	99.9916	99.9902	9.9998	9.9996	9.9992	9.9991
3	9.99997	9.99997	9.99996	9.99997	99.9905	99.9902	99.9905	99.9903	9.9999	9.9992	9.9992	9.9990
4	9.99997	9.99996	9.99997	9.99996	99.9911	99.9906	99.9911	99.9911	9.9999	9.9995	9.9993	9.9991
5	9.99998	9.99998	9.99998	9.99998	99.9904	99.9904	99.9904	99.9904	9.9999	9.9999	9.9993	9.9992
6	9.99997	9.99996	9.99997	9.99994	99.9917	99.9910	99.9910	99.9912	9.9999	9.9996	9.9992	9.9992
7	9.99998	9.99998	9.99998	9.99995	99.9911	99.9911	99.9911	99.9901	9.9999	9.9998	9.9993	9.9991
8	9.99998	9.99996	9.99998	9.99994	99.9903	99.9903	99.9905	99.9903	10.0000	10.0002	9.9994	9.9992
9	9.99998	9.99998	9.99993	9.99994	99.9902	99.9902	99.9905	99.9902	9.9999	9.9992	9.9995	9.9993
10	9.99997	9.99996	9.99994	9.99992	99.9912	99.9912	99.9912	99.9901	9.9999	9.9996	9.9993	9.9992
$\bar{x}$	9.999975	9.999970	9.999964	9.999949	99.99095	99.99066	99.99088	99.99049	9.99990	9.99958	9.99929	9.99916

取 $d_4 = 2.06$。

(1)直流电阻在 10kΩ 点的稳定性：

$$s_m = \frac{x_{max} - x_{min}}{d_m} = 0.000013\text{k}\Omega < U = 0.00035\text{k}\Omega，符合要求。$$

(2)直流电阻在 100MΩ 点的稳定性：

$$s_m = \frac{x_{max} - x_{min}}{d_m} = 0.00022\text{M}\Omega < U = 0.061\text{M}\Omega，符合要求。$$

(3)直流电压在 10Ω 点的稳定性：

$$s_m = \frac{x_{max} - x_{min}}{d_m} = 0.00036\Omega < U = 0.0016\Omega，符合要求。$$

注 1：说明计量标准的稳定性考核方法；列出测量条件和所用测量仪器的名称、型号、编号；列出测量数据和计算过程(可以列表说明)；给出计量标准的稳定性及考核结论。

注 2：不须进行稳定性考核的新建计量标准或仅由一次性使用的标准物质组成的计量标准，在栏目中说明理由。

十、计量标准的不确定度评定

(一)直流电压不确定度评定

直流电压：±(10mV~1000V)，在最优点(3V)、最差点(10mV)、极值点(1000V)，在这 3 个点分别评定计量标准的不确定度。

1. 最优点 3V 点(3.3V 量程)不确定度评定

由于计量标准由一台测量器具构成，不确定度主要有以下三个分量。

(1)直流电压最大允许误差引入的不确定度：主标准器 5522A 型多功能校准源经上级计量技术机构量值传递合格，采用使用说明书中给出的技术指标作为不确定度评定依据。服从均匀分布，包含因子($k=\sqrt{3}$)。按 B 类不确定度评定方法，用 Δ 表示最大允许误差，$\Delta=\pm0.000035V$，则半宽度 $a_1=0.000035V$。

(2)5522A 型等功能校准源的直流电压分辨力引入的不确定度：服从均匀分布，包含因子($k=\sqrt{3}$)。按 B 类不确定度评定方法，δ 表示分辨力，$\delta=0.000001V$，则半宽度 $a_2=\delta/2=0.0000005V$。

(3)重复性引入的不确定度：按 A 类不确定度评定方法，服从正态分布，$s=0.0000011V$(见"八、计量标准的重复性")。

不确定度评定结果如下：

$$u_{B1}=a_1/\sqrt{3}=0.0000202V；$$
$$u_{B2}=a_2/\sqrt{3}=0.000000289V；$$
$$u_A=s=0.0000011V。$$

经分析，5522A 型多功能校准源的直流电压分辨力引入的不确定度远小于直流电压重复性引入的不确定度，根据计量标准不确定度的不漏项、不重复的评定要求，合成标准不确定度计算时只考虑直流电压重复性引入的不确定度。5522A 型多功能校准源的直流电压、直流电流、交流电压、交流电流、直流电阻在其他评定点的情况类似，分辨力引入的不确定度一般小于重复性引入的不确定度，因此在后续不确定度评定过程中，只考虑重复性引入的不确定度，不再重复评定分辨力引入的不确定度。

综上所述，

合成标准不确定度：$u_c=\sqrt{u_A^2+u_{B1}^2}=0.0000202V$。

扩展不确定度：$U=ku_c=0.0000404\approx0.00004V(k=2)$；
$$U_{rel}=0.00004/3=0.0013\%(k=2)。$$

2. 最差点 10mV 点(330mV 量程)不确定度评定

由于计量标准由一台测量器具构成，不确定度主要有两个分量(分辨力引入的不确定度一般小于重复性引入的不确定度，评定时只考虑重复性引入的不确定度)。

十、计量标准的不确定度评定（续）

（1）直流电压最大允许误差引入的不确定度：主标准器 5522A 型多功能校准源经上级计量技术机构量值传递合格，采用使用说明书中给出的技术指标作为不确定度评定依据。服从均匀分布，包含因子（$k = \sqrt{3}$）。按 B 类不确定度评定方法，用 Δ 表示最大允许误差，$\Delta = \pm 0.0012\text{mV}$，则半宽度 $a = 0.0012\text{mV}$。

（2）重复性引入的不确定度，按 A 类不确定度评定方法，服从正态分布，$s = 0.00017\text{mV}$（见"八、计量标准的重复性"）。

不确定度评定结果如下：

$$u_B = a / \sqrt{3} = 0.00693\text{mV};$$

$$u_A = s = 0.00017\text{mV}。$$

综上所述，

合成标准不确定度：$u_c = \sqrt{u_A^2 + u_B^2} = 0.000713\text{mV}$。

扩展不确定度：$U = ku_c = 0.00143 \approx 0.0014\text{mV}（k = 2）$；

$$U_{rel} = 0.0014 / 10 = 0.014\%（k = 2）。$$

3. 极值点 1000V 点（1000V 量程）不确定度评定

由于计量标准由一台测量器具构成，不确定度主要有两个分量（分辨力引入的不确定度远小于重复性引入的不确定度，评定时不再考虑）。

（1）直流电压最大允许误差引入的不确定度：主标准器 5522A 型多功能校准源经上级计量技术机构量值传递合格，采用使用说明书中给出的技术指标作为不确定度评定依据。服从均匀分布，包含因子（$k = \sqrt{3}$）。按 B 类不确定度评定方法，用 Δ 表示最大允许误差，$\Delta = \pm 0.020\text{V}$，则半宽度 $a = 0.020\text{V}$。

（2）重复性引入的不确定度，按 A 类不确定度评定方法，服从正态分布，$s = 0.00037\text{V}$（见"八、计量标准的重复性"）。

不确定度评定结果如下：

$$u_B = a / \sqrt{3} = 0.0115\text{V};$$

$$u_A = s = 0.00037\text{V}。$$

综上所述，

合成标准不确定度：$u_c = \sqrt{u_A^2 + u_B^2} = 0.0116\text{V}$。

扩展不确定度：$U = ku_c = 0.0231 \approx 0.023\text{V}（k = 2）$。

$$U_{rel} = 0.023 / 1000 = 0.0023\%（k = 2）。$$

十、计量标准的不确定度评定(续)

　　根据以上不确定度的评定过程,多功能校准源标准装置直流电压挡技术指标为:测量范围:±(10mV~1000V);不确定度:$U_{rel}=0.0013\%\sim0.014\%(k=2)$(评定的最优点为 3V,最差点为 10mV)。

　　(二)直流电流不确定度评定

　　直流电流:±(10μA~20A),在最优点(300mA)、最差点(10μA)、极值点(20A)这 3 个点分别评定计量标准的不确定度。由于计量标准由一台测量器具构成,不确定度主要有两个分量:最大允许误差引入的不确定度和重复性引入的不确定度(分辨力引入的不确定度一般小于重复性引入的不确定度,评定时只考虑重复性引入的不确定度)。

　　1. 最优点 300mA 点(330mA 量程)不确定度评定

　　(1)直流电流最大允许误差引入的不确定度:主标准器 5522A 型多功能校准源经上级计量技术机构量值传递合格,采用使用说明书中给出的技术指标作为不确定度评定依据。服从均匀分布,包含因子($k=\sqrt{3}$)。按 B 类不确定度评定方法,用 Δ 表示最大允许误差,$\Delta=\pm0.033$mA,则半宽度 $a=0.033$mA。

　　(2)重复性引入的不确定度,按 A 类不确定度评定方法,服从正态分布,$s=0.000082$mA(见"八、计量标准的重复性")。

　　不确定度评定结果如下:

$$u_B=a/\sqrt{3}=0.0191\text{mA};$$
$$u_A=s=0.000082\text{mA}。$$

　　综上所述,

　　合成标准不确定度:$u_c=\sqrt{u_A^2+u_B^2}=0.0191$mA。

　　扩展不确定度:$U=ku_c=0.0382\approx0.038$mA($k=2$);

$$U_{rel}=0.0038/300=0.013\%(k=2)。$$

　　2. 最差点 10μA 点(330μA 量程)不确定度评定

　　(1)直流电流最大允许误差引入的不确定度:主标准器 5522A 型多功能校准源经上级计量技术机构量值传递合格,采用使用说明书中给出的技术指标作为不确定度评定依据。服从均匀分布,包含因子($k=\sqrt{3}$)。按 B 类不确定度评定方法,用 Δ 表示最大允许误差,$\Delta=\pm0.022$μA,则半宽度 $a=0.022$μA。

　　(2)重复性引入的不确定度,按 A 类不确定度评定方法,服从正态分布,$s=0.00042$μA(见"八、计量标准的重复性")。

十、计量标准的不确定度评定（续）

不确定度评定结果如下：

$$u_B = a/\sqrt{3} = 0.0127\mu A；$$

$$u_A = s = 0.00042\mu A。$$

综上所述，

合成标准不确定度：$u_c = \sqrt{u_A^2 + u_B^2} = 0.0127\mu A$。

扩展不确定度：$U = ku_c = 0.0254 \approx 0.025\mu A（k=2）；$

$$U_{rel} = 0.025/10 = 0.25\%（k=2）。$$

3. 极值点 20A 点（20A 量程）不确定度评定

（1）直流电流最大允许误差引入的不确定度：主标准器 5522A 型多功能校准源经上级计量技术机构量值传递合格，采用使用说明书中给出的技术指标作为不确定度评定依据。服从均匀分布，包含因子（$k=\sqrt{3}$）。按 B 类不确定度评定方法，用 Δ 表示最大允许误差，$\Delta = \pm0.0208A$，则半宽度 $a = 0.0208A$。

（2）重复性引入的不确定度，按 A 类不确定度评定方法，服从正态分布，$s = 0.00015A$（见"八、计量标准的重复性"）。

不确定度评定结果如下：

$$u_B = a/\sqrt{3} = 0.012A；$$

$$u_A = s = 0.00015A。$$

综上所述，

合成标准不确定度：$u_c = \sqrt{u_A^2 + u_B^2} = 0.012A$。

扩展不确定度：$U = ku_c = 0.024A（k=2）；$

$$U_{rel} = 0.024/20 = 0.12\%（k=2）。$$

根据以上不确定度的评定过程，多功能校准源标准装置直流电流挡技术指标为：测量范围：$\pm(10\mu A \sim 20A)$；不确定度：$U_{rel} = 0.013\% \sim 0.25\%（k=2）$（评定的最优点为 300mA，最差点为 $10\mu A$）。

（三）交流电压不确定度评定

交流电压：$10mV \sim 1000V（10Hz \sim 500kHz）$，最优点（3V，1kHz）、最差点（10mV，500kHz）、极值点（1000V，10kHz）。在这 3 个点分别评定计量标准的不确定度。由于计量标准由一台测量器具构成，不确定度主要有两个分量：最大允许误差引入的不确定度和重复性引入的不确定度（分辨力引入的不确定度一般小于重复性引入的不确定度，评定时只考虑重复性引入的不确定度）。

十、计量标准的不确定度评定（续）

1. 最优点 3V，1kHz 点（3.3V 量程）不确定度评定

（1）交流电压最大允许误差引入的不确定度：主标准器 5522A 型多功能校准源经上级计量技术机构量值传递合格，采用使用说明书中给出的技术指标作为不确定度评定依据。服从均匀分布，包含因子（$k = \sqrt{3}$）。按 B 类不确定度评定方法，用 Δ 表示最大允许误差，$\Delta = \pm 0.00051V$，则半宽度 $a = 0.000051V$。

（2）重复性引入的不确定度，按 A 类不确定度评定方法，服从正态分布，$s = 0.000014V$（见"八、计量标准的重复性"）。

不确定度评定结果如下：

$$u_B = a / \sqrt{3} = 0.000294V;$$

$$u_A = s = 0.000014V。$$

综上所述，

合成标准不确定度：$u_c = \sqrt{u_A^2 + u_B^2} = 0.000295V$；

扩展不确定度：$U = k u_c = 0.00059V（k = 2）$；

$$U_{rel} = 0.00059/3 = 0.020\%（k = 2）。$$

2. 最差点 10mV，500kHz（330mV 量程）不确定度评定

（1）交流电压最大允许误差引入的不确定度：主标准器 5522A 型多功能校准源经上级计量技术机构量值传递合格，采用使用说明书中给出的技术指标作为不确定度评定依据。服从均匀分布，包含因子（$k = \sqrt{3}$）。按 B 类不确定度评定方法，用 Δ 表示最大允许误差，$\Delta = \pm 0.090mV$，则半宽度 $a = 0.090mV$。

（2）重复性引入的不确定度，按 A 类不确定度评定方法，服从正态分布，$s = 0.00042mV$（见"八、计量标准的重复性"）。

不确定度评定结果如下：

$$u_B = a / \sqrt{3} = 0.052mV;$$

$$u_A = s = 0.00042mV。$$

综上所述，

合成标准不确定度：$u_c = \sqrt{u_A^2 + u_B^2} = 0.052mV$。

扩展不确定度：$U = k u_c = 0.104 \approx 0.10mV（k = 2）$；

$$U_{rel} = 0.10/10 = 1.0\%（k = 2）。$$

3. 极值点 1000V，10kHz（1000V 量程）不确定度评定

十、计量标准的不确定度评定（续）

（1）交流电压最大允许误差引入的不确定度：主标准器 5522A 型多功能校准源经上级计量技术机构量值传递合格，采用使用说明书中给出的技术指标作为不确定度评定依据。服从均匀分布，包含因子（$k=\sqrt{3}$）。按 B 类不确定度评定方法，用 Δ 表示最大允许误差，$\Delta=\pm0.31\text{V}$，则半宽度 $a=0.31\text{V}$。

（2）重复性引入的不确定度，按 A 类不确定度评定方法，服从正态分布，$s=0.0021\text{V}$（见"八、计量标准的重复性"）。

不确定度评定结果如下：

$$u_B=a/\sqrt{3}=0.31\text{V};$$
$$u_A=s=0.0021\text{V}。$$

综上所述，

合成标准不确定度：$u_c=\sqrt{u_A^2+u_B^2}=0.179\text{V}$。

扩展不确定度：$U=ku_c=0.358\approx0.36\text{V}（k=2）$；

$$U_{rel}=0.36/1000=0.036\%（k=2）。$$

根据以上不确定度的评定过程，多功能校准源标准装置交流电压挡技术指标为：测量范围：10mV ~ 1000V（10Hz ~ 500kHz）；不确定度：$U_{rel}=0.02\%~1.0\%（k=2）$（评定的最优点（3V，1kHz）；最差点（10mV，500kHz））。

（四）交流电流不确定度评定

交流电流：1mA ~ 20A（10Hz ~ 10kHz），最优点（300mA，1kHz）、最差点（20A，5kHz）、极值点（1mA，10kHz）。在这 3 个点分别评定计量标准的不确定度。由于计量标准由一台测量器具构成，不确定度主要有两个分量：最大允许误差引入的不确定度和重复性引入的不确定度（分辨力引入的不确定度一般小于重复性引入的不确定度，评定时只考虑重复性引入的不确定度）。

1. 最优点 300mA，1kHz（330mA 量程）不确定度评定

（1）交流电流最大允许误差引入的不确定度：主标准器 5522A 型多功能校准源经上级计量技术机构量值传递合格，采用使用说明书中给出的技术指标作为不确定度评定依据。服从均匀分布，包含因子（$k=\sqrt{3}$）。按 B 类不确定度评定方法，用 Δ 表示最大允许误差，$\Delta=\pm0.140\text{mA}$，则半宽度 $a=0.140\text{mA}$。

（2）重复性引入的不确定度，按 A 类不确定度评定方法，服从正态分布，$s=0.00052\text{mA}$（见"八、计量标准的重复性"）。

不确定度评定结果如下：

$$u_B=a/\sqrt{3}=0.0808\text{mA};$$
$$u_A=s=0.00052\text{mA}。$$

十、计量标准的不确定度评定（续）

综上所述，

合成标准不确定度：$u_c = \sqrt{u_A^2 + u_B^2} = 0.0808\text{mA}$。

扩展不确定度：$U = ku_c = 0.162 \approx 0.16\text{mA}(k=2)$；

$$U_{\text{rel}} = 0.16/300 = 0.054\%(k=2)。$$

2. 最差点 20A，5kHz（20A 量程）不确定度评定

（1）交流电流最大允许误差引入的不确定度：主标准器 5522A 型多功能校准源经上级计量技术机构量值传递合格，采用使用说明书中给出的技术指标作为不确定度评定依据。服从均匀分布，包含因子（$k = \sqrt{3}$）。按 B 类不确定度评定方法，用 Δ 表示最大允许误差，$\Delta = \pm 0.6050\text{A}$，则半宽度 $a = 0.6050\text{A}$。

（2）重复性引入的不确定度，按 A 类不确定度评定方法，服从正态分布，$s = 0.0027\text{A}$（见"八、计量标准的重复性"）。

不确定度评定结果如下：

$$u_B = a/\sqrt{3} = 0.349\text{A}；$$
$$u_A = s = 0.0027\text{A}。$$

综上所述，

合成标准不确定度：$u_c = \sqrt{u_A^2 + u_B^2} = 0.349\text{A}$。

扩展不确定度：$U = ku_c = 0.699 \approx 0.70\text{A}(k=2)$；

$$U_{\text{rel}} = 0.70/20 = 3.5\%(k=2)。$$

3. 极值点 1mA，10kHz（量程 3.3mA）不确定度评定

（1）交流电流最大允许误差引入的不确定度：主标准器 5522A 型多功能校准源经上级计量技术机构量值传递合格，采用使用说明书中给出的技术指标作为不确定度评定依据。服从均匀分布，包含因子（$k = \sqrt{3}$）。按 B 类不确定度评定方法，用 Δ 表示最大允许误差，$\Delta = \pm 0.0053\text{mA}$，则半宽度 $a = 0.0053\text{mA}$。

（2）重复性引入的不确定度，按 A 类不确定度评定方法，服从正态分布，$s = 0.0000053\text{mA}$（见"八、计量标准的重复性"）。

不确定度评定结果如下：

$$u_B = a/\sqrt{3} = 0.00306\text{mA}；$$
$$u_A = s = 0.0000053\text{mA}。$$

综上所述，

合成标准不确定度：$u_c = \sqrt{u_A^2 + u_B^2} = 0.00306\text{mA}$。

扩展不确定度：$U = ku_c = 0.00612 \approx 0.0061\text{mA}(k=2)$；

$$U_{\text{rel}} = 0.0061/1 = 0.61\%(k=2)。$$

十、计量标准的不确定度评定（续）

根据以上不确定度的评定过程，多功能校准源标准装置交流电流挡技术指标为：测量范围 1mA ~ 20A（10Hz ~ 10kHz）；不确定度：$U_{rel} = 0.054\% ~ 3.5\%（k = 2）$（评定的最优点（300mA，1kHz）；最差点（20A，5kHz））。

（五）直流电阻不确定度评定

直流电阻：10Ω ~ 100MΩ，最优点（10kΩ）、最差点（100MΩ）、极值点（10Ω）。在这 3 个点分别评定计量标准的不确定度。由于计量标准由一台测量器具构成，不确定度主要有两个分量：最大允许误差引入的不确定度和重复性引入的不确定度（分辨力引入的不确定度一般小于重复性引入的不确定度，评定时只考虑重复性引入的不确定度）。

1. 最优点 10kΩ（10kΩ 量程）不确定度评定

（1）直流电阻最大允许误差引入的不确定度：主标准器 5522A 型多功能校准源经上级计量技术机构量值传递合格，采用使用说明书中给出的技术指标作为不确定度评定依据。服从均匀分布，包含因子（$k = \sqrt{3}$）。按 B 类不确定度评定方法，用 Δ 表示最大允许误差，$\Delta = \pm 0.00030\Omega$，则半宽度 $a = 0.00030\Omega$。

（2）重复性引入的不确定度，按 A 类不确定度评定方法，服从正态分布，$s = 0.0000053\Omega$（见"八、计量标准的重复性"）。

不确定度评定结果如下：

$$u_B = a / \sqrt{3} = 0.000173k\Omega;$$
$$u_A = s = 0.0000053k\Omega。$$

综上所述，

合成标准不确定度：$u_c = \sqrt{u_A^2 + u_B^2} = 0.000173k\Omega$。

扩展不确定度：$U = ku_c = 0.000347 \approx 0.00035k\Omega（k = 2）$；
$$U_{rel} = 0.00035/10 = 0.0035\%（k = 2）。$$

2. 最差点 100MΩ（100MΩ 量程）不确定度评定

（1）直流电阻最大允许误差引入的不确定度：主标准器 5522A 型多功能校准源经上级计量技术机构量值传递合格，采用使用说明书中给出的技术指标作为不确定度评定依据。服从均匀分布，包含因子（$k = \sqrt{3}$）。按 B 类不确定度评定方法，用 Δ 表示最大允许误差，$\Delta = \pm 0.053M\Omega$，则半宽度 $a = 0.053M\Omega$。

（2）重复性引入的不确定度，按 A 类不确定度评定方法，服从正态分布，$s = 0.00056M\Omega$（见"八、计量标准的重复性"）。

不确定度评定结果如下：

$$u_B = a / \sqrt{3} = 0.0306M\Omega;$$
$$u_A = s = 0.00056M\Omega。$$

十、计量标准的不确定度评定（续）

综上所述，

合成标准不确定度：$u_c = \sqrt{u_A^2 + u_B^2} = 0.0306 M\Omega$。

扩展不确定度：$U = ku_c = 0.0612 \approx 0.061 M\Omega (k=2)$；

$$U_{rel} = 0.061/100 = 0.061\% (k=2)。$$

3. 极值点 10Ω（量程 10Ω）不确定度评定

（1）直流电阻最大允许误差引入的不确定度：主标准器 5522A 型多功能校准源经上级计量技术机构量值传递合格，采用使用说明书中给出的技术指标作为不确定度评定依据。服从均匀分布，包含因子（$k=\sqrt{3}$）。按 B 类不确定度评定方法，用 Δ 表示最大允许误差，$\Delta = \pm 0.0014\Omega$，则半宽度 $a = 0.0014\Omega$。

（2）重复性引入的不确定度，按 A 类不确定度评定方法，服从正态分布，$s = 0.000047\Omega$（见"八、计量标准的重复性"）。

不确定度评定结果如下：

$$u_B = a/\sqrt{3} = 0.000808\Omega；$$

$$u_A = s = 0.000047\Omega。$$

综上所述，

合成标准不确定度：$u_c = \sqrt{u_A^2 + u_B^2} = 0.000810\Omega$。

扩展不确定度：$U = ku_c = 0.00162 \approx 0.0016\Omega (k=2)$；

$$U_{rel} = 0.0016/10 = 0.016\% (k=2)。$$

根据以上不确定度的评定过程，多功能校准源标准装置交流电流挡技术指标为：直流电阻：10Ω ~ 100MΩ；不确定度：$U_{rel} = 0.035\% ~ 0.061\% (k=2)$（评定的最优点：10kΩ；最差点：100MΩ）。

注 1：列出计量标准不确定度分析评定的详细过程。

注 2：直接用构成计量标准的测量仪器或标准物质的技术指标表述计量标准性能时，该栏目可不填。

十一、计量标准性能的验证

1. 本计量标准采用的性能验证方法

对本计量标准采用传递比较法进行验证，即用高一级测量标准和被验证测量标准测量同一个分辨力足够且稳定的被测对象，在包含因子相同的情况下应满足：

$$|y - y_0| \leqslant \sqrt{u^2 + u_0^2}$$

式中：y——被验证测量标准给出的测量结果；

$\qquad y_0$——高一级测量标准给出的测量结果；

$\qquad U$——被验证测量标准的扩展不确定度；

$\qquad U_0$——高一级测量标准的扩展不确定度。

本次不确定度验证，在直流电压 3V、10mV、1000V；直流电流 300mA；交流电压 3V，1kHz；交流电流 300mA，1kHz；直流电阻 10kΩ、100MΩ 等点，使用数字多用表 34401A 进行验证，数据来源是北京某所校准证书。在直流电流 10μA、20A；交流电压 10mV、500kHz，1000V、10kHz；交流电流 20A、5kHz，1mA、10kHz；直流电阻 10Ω 等点，使用数字多用表 8588A 进行验证，数据来源是北京某所校准证书。

2. 计量标准不确定度分析

挡位	5522A 的验证点	本计量标准扩展不确定度 U	上级标准扩展不确定度 U_0	$\sqrt{u^2 + u_0^2}$	溯源证书数据来源
直流电压	3V	0.00004V	0.00002V	0.000045V	DD20-1674
	10mV	0.0014mV	0.0007mV	0.0016mV	DD20-1674
	1000V	0.023V	0.010V	0.025V	DD20-1674
直流电流	300mA	0.038 mA	0.05mA	0.063mA	DD20-1674
	10μA	0.025μA	0.0003μA	0.025μA	DD20-2793
	20A	0.024 A	0.00071A	0.024A	DD20-2793
交流电压	3V，1kHz	0.0059V	0.00026V	0.0059V	DD20-1674
	10mV，500kHz	0.10mV	0.0350mV	0.11mV	DD20-2793
	1000V，10kHz	0.36V	0.060V	0.36V	DD20-2793
交流电流	300mA，1kHz	0.16mA	0.16mA	0.23mA	DD20-1674
	20A，5kHz	0.70A	0.0065A	0.70A	DD20-2793
	1mA，10kHz	0.0061	0.00009mA	0.0061mA	DD20-2793
直流电阻	10kΩ	0.00035kΩ	0.00012kΩ	0.00037kΩ	DD20-1674
	100MΩ	0.061MΩ	0.0139MΩ	0.063MΩ	DD20-1674
	10Ω	0.0016Ω	0.000029Ω	0.0016Ω	DD20-2793

十一、计量标准性能的验证（续）

3. 验证的数据和验证的结论

挡位	验证点	本标准测量值	上级标准溯源测量值	$\|y-y_0\|$	$\sqrt{u^2+u_0^2}$	是否符合	溯源证书数据来源
直流电压	3V	2.99995V	2.99998V	0.00003V	0.000045V	符合	DD20-1674
	10mV	9.9990mV	9.9999mV	0.0009mV	0.0016mV	符合	DD20-1674
	1000V	999.989V	999.994V	0.005V	0.025V	符合	DD20-1674
直流电流	300mA	0.30000A	0.29999A	0.00001A	0.063mA	符合	DD20-1674
	10μA	9.99988μA	10.0000μA	0.00012μA	0.025μA	符合	DD20-2793
	20A	20.00210A	20.00312A	0.00102A	0.024A	符合	DD20-2793
交流电压	3V,1kHz	2.99843V	2.99872V	0.00029V	0.0059V	符合	DD20-1674
	10mV,500kHz	9.9840mV	9.9943mV	0.0103mV	0.11mV	符合	DD20-2793
	1000V,10kHz	999.902V	999.921V	0.019V	0.36V	符合	DD20-2793
交流电流	300mA,1kHz	0.29996A	0.29991A	0.00005A	0.23mA	符合	DD20-1674
	20A,5kHz	20.0120A	20.0087A	0.0033A	0.70A	符合	DD20-2793
	1mA,10kHz	1.00102mA	1.00026mA	0.00076mA	0.0061mA	符合	DD20-2793
直流电阻	10kΩ	10.00040kΩ	10.00029kΩ	0.00011kΩ	0.00037kΩ	符合	DD20-1674
	100MΩ	100.1441MΩ	100.1179MΩ	0.0262MΩ	0.063MΩ	符合	DD20-1674
	10Ω	10.001022Ω	10.000127Ω	0.000895Ω	0.0016Ω	符合	DD20-2793

由以上数据可以计算得出，本标准检定数字多用表 34401A 和数字多用表 8588A 时得到的值与上一级计量标准给出的值满足不确定度验证公式，故不确定度得到验证。

注：列出计量标准性能验证的方法、验证的数据和验证的结论。

十二、测量结果的测量不确定度评定

(一)数字多用表测量结果的测量不确定度评定

1. 测量方法

校准数字多用表直流电压示值误差采用标准源法，调节校准源的输出，被测数字多用表显示 U_X，从校准源上读取显示值 U_N。这里选用数字多用表 34401A（编号 MY53002014），对其直流 3V 点进行检定。

2. 测量模型

测量模型：$\Delta = U_X - U_N$

式中：U_X——被测电压表指示值，V；

$\quad\quad\quad U_N$——校准源读数值，V。

实际检定工作在恒温 $(19.0 \sim 21.0)\,\textdegree\!C$，湿度 40%~75% 的条件下进行，完全符合规程要求，因此，温度对被测仪器和标准器的影响可以忽略。

3. 测量结果的测量不确定度评定

(1)被检表引入的测量结果的不确定度 $u(U_X)$ 的评定

①被检表分辨力引入的标准不确定度 $u(U_{X1})$。

数字多用表 34401A 在直流电压 3V 点的分辨力引入的不确定度：服从均匀分布，包含因子 $(k = \sqrt{3})$。按 B 类不确定度评定方法，δ 表示分辨力，$\delta = 0.00001\text{V}$，则半宽度 $a_2 = \delta/2 = 0.000005\text{V}$。$u(U_{X1}) = a_2/\sqrt{3} = 0.0000029\text{V}$。

②被检表重复性引入的标准不确定度 $u(U_{X2})$。

用本装置对数字多用表 34401A 进行独立测量 10 次，数据如下表所示：

测量次数	1	2	3	4	5
测量值	2.99995V	2.99994V	2.99995V	2.99994V	2.99995V
测量次数	6	7	8	9	10
测量值	2.99995V	2.99994V	2.99995V	2.99994V	2.99995V

十二、测量结果的测量不确定度评定(续)

10 次测量平均值为：$\bar{x} = 2.999946\text{V}$。

用

$$s(x) = \sqrt{\frac{1}{n-1}\sum_{i=1}^{n}(x_i - \bar{x})^2}$$

计算电压标准偏差 s，

式中：x_i——某次测量次数；$\bar{x}$——平均值。

单次测量的标准差：$s(x) = \sqrt{\frac{1}{n-1}\sum_{i=1}^{n}(x_i - \bar{x})^2} = 0.0000052\text{V}$；

$$u(U_{X2}) = s(x) = 0.0000052\text{V}。$$

被检表引入的标准不确定度取被检表的分辨力引入的和重复性引入的不确定度分量中较大者，即：

$$u(U_X) = 0.0000052\text{V}。$$

(2)标准器多功能校准源引入的标准不确定度。

根据上文(十、计量标准的不确定度评定)中直流电压 3V 点，计量标准的扩展不确定度为 $U = 0.00004\text{V}(k=2)$：

$$u(U_X) = 0.00004/k = 0.00002\text{V}\quad(k=2)。$$

因此，合成标准不确定度：$u_c = \sqrt{u^2(U_X) + u^2(U_N)} = 0.000021\text{V}$；

扩展不确定度：$U = ku_c = 0.000042\text{V}(k=2)$。

因此，在数字多用表 34401A 的直流电压 3V 点(10V 量程)，测量结果的测量不确定度为 0.000042V。数字多用表的其他挡位测量结果的测量不确定度评定类似，不再重复分析。

(二)指针式三用表测量结果的测量不确定度评定

1. 测量方法

校准直流电压的指针三用表 MF14 的直流电压示值误差采用标准源法，调节校准源的输出，被测电压表指针指示到刻度值 U_X，从校准源上读取显示值 U_N。这里选用指针三用表 MF14，对其直流 10V 量程的 3V 点进行检定。

2. 测量模型

$$\Delta = U_X - U_N$$

式中：U_X——被测电压表指示值，V；

U_N——校准源读数值，V。

十二、测量结果的测量不确定度评定(续)

实际检定工作在恒温(19.0~21.0)℃，湿度 40%~75% 的条件下进行，完全符合规程要求，因此，温度对被测仪器和标准器的影响可以忽略。

3. 标准不确定度评定

(1)被检表引入的测量结果的测量不确定度 $u(U_X)$ 的评定。

①被检表分辨力引入的标准不确定度 $u(U_{X1})$。

模拟表的读数主要靠眼睛瞄准，因此在检定过程中，就可能带来不确定度，在 MF14 三用表直流电压 3V 点(10V 量程)，对准指针时人眼的分辨力按仪表分辨力(0.2V)的 1/10 估算，为 0.02V，均匀分布，δ 表示分辨力，$\delta = 0.02V$，则半宽度 $a_2 = \delta/2 = 0.01V$。$u(U_{X1}) = a_2/\sqrt{3} = 0.0057V$。

②被检表重复性引入的标准不确定度 $u(U_{X2})$。

用本装置对指针三用表 MF14 直流电压 3V 点进行等精度独立测量 10 次，数据如下：

测量次数	1	2	3	4	5
测量值	10.02	10.02	10.03	10.03	10.02
测量次数	6	7	8	9	10
测量值	10.02	10.02	10.04	10.02	10.04

10 次测量平均值：$\bar{x} = 10.026$。

用

$$s(x) = \sqrt{\frac{1}{n-1}\sum_{i=1}^{n}(x_i - \bar{x})^2}$$

计算电压标准偏差 s，

式中：x_i——某次测量次数；

　　　$\bar{x}$——平均值。

单次测量的标准差：$s(x) = \sqrt{\frac{1}{n-1}\sum_{i=1}^{n}(x_i - \bar{x})^2} = 0.0V$；

$$u(U_{X2}) = s(x) = 0.0084V。$$

十二、测量结果的测量不确定度评定(续)

被检表引入的标准不确定度取被检表的分辨力引入的和重复性引入的不确定度分量中较大者,即:

$$u(U_X) = 0.0084\text{V}。$$

(2)标准器引入的标准不确定度。

根据上文(十、计量标准的不确定评定)中直流电压 3V 点,计量标准的扩展不确定度为 $U = 0.00004\text{V}(k=2)$:

$$u(U_X) = 0.00004/k = 0.00002\text{V} \quad (k=2)。$$

因此,合成标准不确定度:$u_c = \sqrt{u^2(U_X) + u^2(U_N)} = 0.0084\text{V}$;

扩展不确定度 $U = ku_c = 0.017\text{V}(k=2)$。

因此,在指针式万用表 MF14 的直流电压 3V 点(10V 量程),测量结果的测量不确定度为 0.017V。指针式万用表 MF14 的其他挡位测量结果的测量不确定度评定类似,不再重复分析。

注:选择典型被检定、校准对象,列出计量标准进行检定、校准所得测量结果的测量不确定度的详细评定过程。

十三、结论

　　通过对本计量检定装置进行重复性试验和稳定性考核，符合建标技术要求；人员满足计量标准两人以上持证要求，设备配置满足建标需要；实验室环境条件满足检定规程的温湿度环境和其他环境要求；计量标准的不确定度评定、计量标准的性能验证、测量结果的不确定度测量不确定度评定，均满足《计量测量标准建立与保持通用要求》。

　　多功能校准源标准装置可以开展：0.1级及以下，±（10mV～1000V）的直流电压；0.1级及以下，±（10μA～20A）的直流电流；0.1级及以下，10mV～1000V（40Hz～10kHz）的交流电压；0.5级及以下，1mA～20A（40Hz～10kHz）的交流电流；0.1级及以下，10Ω～1MΩ的直流电阻各参数的指针式交直流电流表、交直流电压表、电阻表，以及测量交直流电流、交直流电压和直流电阻的指针式万用表的检定校准工作。还可用于开展±0.0052%及以下，±（10mV～1000V）的直流电压；±0.052%及以下，±（10μA～20A）的直流电流；±0.08%及以下，10mV～1000V（10Hz～500kHz）的交流电压；±0.22%及以下，1mA～20A（10Hz～10kHz）的交流电流；±0.014%及以下，10Ω～100MΩ的直流电阻的数字多用表的检定和校准工作。

　　注：根据自查结果，给出计量标准是否符合标准和相关规程要求的结论。

十四、附 录

序号	内　容	是否具备	备　注
1	技术档案目录		
2	计量标准证书		
3	计量标准考核表		
4	计量标准技术报告		
5	检定规程或校准规程等计量技术文件		
6	量值溯源与传递等级关系图		
7	检定或校准操作规程		
8	计量标准核查方案		
9	测量结果的测量不确定度评定实例		
10	主标准器及配套设备的说明书		
11	自研设备的研制报告和鉴定证书(必要时)		
12	计量标准历年的检定证书、校准证书		
13	能力测试报告和实验室间比对报告等 证明校准能力的文件(适用时)		
14	计量标准的重复性测试记录、稳定性考核记录		
15	核查记录		
16	计量标准履历书		
17	计量标准更换申报表(必要时)		
18	计量标准封存/启封申报表(必要时)		
19	其他		

注1：附录列出计量标准技术档案建立情况。

注2：备注中列出该计量标准相应文件的代号。

第二节 考核表编写范例

特别提示：

（1）本节内容为多功能校准源标准装置考核表。

（2）考核表实际为计量标准考核的主文件，之所以列为第二节，是因为考核表中信息来源为建标报告中的各考核项目。

（3）考核表与建标报告中的信息须完全一致。

（4）考核表编制时，须区分新建计量标准与计量标准复审，在填写考核表时，所填信息有所区别。本书使用者须注意，考核表每一单元格都需要填写，无信息的填写"/"。

（5）本例的考核表格式为现行有效版本，若考核表格式发生变化，以新版格式为准。

计量标准考核表

计量标准名称　　<u>多功能校准源标准装置</u>

计量技术机构名称　　<u>　　　　　　　　　</u>（盖章）

联　　系　　人　　<u>　　　　　　　　　　　</u>

联　系　电　话　　<u>　　　　　　　　　　　</u>

填　表　日　期　　<u>　　　　　　　　　　　</u>

××计量管理部门

一、测量标准概况

测量标准名称	多功能校准源标准装置		
测量标准证书号			
	存放地点	XX计量室	
	建立时间	上次复查时间	
测量标准性能	测量范围	不确定度，准确度等级或最大允许误差	

参数	测量范围	不确定度，准确度等级或最大允许误差
直流电压	1. 直流电压：±(10mV～1000V)	1. $U_{rel} = 0.0013\%\sim0.014\%$ (k=2)
直流电流	2. 直流电流：±(10μA～20A)	2. $U_{rel} = 0.013\%\sim0.25\%$ (k=2)
交流电压	3. 交流电压：10mV ～ 1000V (10kHz～500kHz)	3. $U_{rel} = 0.02\%\sim1.0\%$ (k=2)
交流电流	4. 交流电流：1mA～20A (10Hz～10kHz)	4. $U_{rel} = 0.054\%\sim3.5\%$ (k=2)
直流电阻	5. 直流电阻：10Ω～100MΩ	5. $U_{rel} = 0.0035\%\sim0.061\%$ (k=2)

主标准器	名称	型号规格	出厂编号	生产国别厂家	研制或购进时间	参数及测量范围	不确定度，准确度等级或最大允许误差	检定（校准）机构	检定（校准）证书号	备注
	多功能校准源	5522A	4354902	FLUKE	2019.07.13	1. 直流电压：±(10mV～1000V)	±(0.0017%～0.012%) 最优点：3V；最差点：10mV；极值点：1000V	中国航天科技集团有限公司某研究院某研究所	DD20-1711 2020.07.20	
						2. 直流电流：±(10μA～20A)	±(0.011%～0.22%) 最优点：300mA；最差点：10μA；极值点：20A			
						3. 交流电压：10mV～1000V (10Hz～500kHz)	±(0.017%～0.9%) 最优点：3V (1kHz)；最差点：10mV (500kHz)；极值点：1000V (10kHz)			
						4. 交流电流：1mA～20A (10Hz～10kHz)	±(0.0467%～3.02%) 最优点：300mA (1kHz)；最差点：20A (5kHz)；极值点：1mA (10kHz)			
						5. 直流电阻：10Ω～100MΩ	±(0.003%～0.053%) 最优点：10kΩ；最差点：100MΩ；极值点：10Ω			

注1：只有申请计量标准复查时才填写计量标准证书号，建立时间和上次复查时间。

注2：当使用校准值时，在"不确定度，准确度等级或最大允许误差"栏填写该值的不确定度。

注3：检定证书或校准证书号为申报时有效期内的证书号。

注4：自动化或半自动化计量标准中的计算机及测试软件作为配套设备，不必检定或校准；开发的软件标明是否经过验证。

二、开展的检定或校准项目

序号	名 称	参数及测量范围	不确定度、准确度等级或最大允许误差
1	指针式万用表	1. 直流电压：±（10mV～1000V）	0.1 级及以下
		2. 直流电流：±（10μA～20A）	0.1 级及以下
		3. 交流电压：10mV～1000V（40Hz～10kHz）	0.1 级及以下
		4. 交流电流：1mA～20A（40Hz～10kHz）	0.5 级及以下
		5. 直流电阻：10Ω～1MΩ	0.1 级及以下
2	数字多用表	1. 直流电压：±（10mV～1000V）	±0.0052% 及以下
		2. 直流电流：±（10μA～20A）	±0.052% 及以下
		3. 交流电压：10mV～1000V（10Hz～500kHz）	±0.08% 及以下
		4. 交流电流：1mA～20A（10Hz～10kHz）	±0.22% 及以下
		5. 直流电阻：10Ω～100MΩ	±0.014% 及以下

三、依据的检定规程或校准规程

序号	编 号	名 称	备 注
1	JJF 1587—2016	《数字多用表校准规范》	
2	JJG 124—2005	《电流表、电压表、功率表及电阻表检定规程》	
3			
4			
5			
6			
7			

注：自编检定规程、校准规程应在备注栏中填写审批的机构。

四、测量标准变更情况说明

无。

五、检定人员

姓　名	职称	检定专业项目	从事该专业年限	检定员证号

注 1：栏四，仅复查时使用，填写测量标准设备、检定规程或校准规程、不确定度及人员等有关变更情况。不确定度发生变化时，说明原因。

注 2：栏五，至少填写两名从事该项目的在岗计量检定员。

六、环境条件

项目名称	要　求	实际情况	结　论
环境温度	(20±1)℃	(19.0~21.0)℃	符合要求
相对湿度	30%~75%	40%~75%	符合要求
供电电源	(220±22) V (50±1) Hz	(209~231) V (49~51) Hz	符合要求
其他	周围无影响检定系统正常工作的机械振动和电磁干扰	符合要求	符合要求

七、申请单位意见

申请按期审核。

（盖章）

年　　月　　日

八、考核意见

主考员姓名	职称	主考员证书号	考核时间

九、审批意见

（盖章）

年　　月　　日